U0607404

读客文化

Rick Hanson   Richard Mendius

冥想5分钟
等于熟睡一小时

[美]里克·汉森 理查德·蒙迪思 著　姜勇 译

Buddha's Brain
The Practical Neuroscience of Happiness,
Love, and Wisdom

江苏凤凰文艺出版社
JIANGSU PHOENIX LITERATURE AND
ART PUBLISHING

图书在版编目（CIP）数据

冥想5分钟，等于熟睡一小时 / (美) 汉森
(Hanson,R.) , (美) 蒙迪思(Mendius,R.) 著；姜勇译
. — 南京：江苏凤凰文艺出版社，2015（2023.12重印）
（读客睡前心灵文库）
书名原文：Buddha's Brain: The Practical
Neuroscience of Happiness, Love, and Wisdom
ISBN 978-7-5399-8332-5

Ⅰ.①冥… Ⅱ.①汉… ②蒙… ③姜… Ⅲ.①情绪 -
自我控制 - 通俗读物 Ⅳ.①B842.6-49

中国版本图书馆CIP数据核字 (2015) 第096986号

BUDDHA'S BRAIN: THE PRACTICAL NEUROSCIENCE OF HAPPINESS, LOVE
AND WISDOM
by
RICK HANSON, PH. D, WITH RICHARD MENDIUS, MD, FOREWORD BY DANIEL
J. SIEGEL, MD, PREFACE BY JACK KORNFIELD
Copyright:© 2009 BY RICK HANSON, PH. D
This edition arranged with NEW HARBINGER PUBLICATIONS
through Big Apple Tuttle-Mori Agency, Inc., Labuan, Malaysia.
Simplified Chinese edition copyright:
© 2015 Dook Media Group Limited

All rights reserved.

中文版权 ©2015 读客文化股份有限公司
经授权，读客文化股份有限公司拥有本书的中文（简体）版权
图字：10-2015-127 号

冥想5分钟，等于熟睡一小时

［美］里克·汉森　理查德·蒙迪思 著　　姜　勇 译

责任编辑	丁小卉	
特约编辑	赵晨凤	梁余丰
装帧设计	读客文化　021-33608320	
责任印制	刘　巍	
出版发行	江苏凤凰文艺出版社	
	南京市中央路165号，邮编：210009	
网　　址	http://www.jswenyi.com	
印　　刷	大厂回族自治县德诚印务有限公司	
开　　本	680 毫米 × 990 毫米 1/16	
印　　张	17.5	
字　　数	250 千字	
版　　次	2015 年 7 月第 1 版	
印　　次	2023 年 12 月第 26 次印刷	
书　　号	ISBN 978-7-5399-8332-5	
定　　价	49.90 元	

江苏凤凰文艺版图书凡印刷、装订错误，可向出版社调换，联系电话：010-87681002。

Buddha's Brain:
The Practical Neuroscience of Happiness, Love, and Wisdom

Rick Hanson and Richard Mendius

名家推荐

在《冥想5分钟，等于熟睡一小时》一书中，里克·汉森博士和理查德·蒙迪思博士提供了一条美丽、清晰、实用的大路，直指佛陀冥想的核心智慧。运用现代科学研究打开冥想的神秘大门，以一种全新且直观的方式教会你古老深邃的冥想锻炼秘诀，让你身心得到彻底休息，就像从熟睡中醒来一样充满活力。在书中，佛教的经典教义和神经科学革命性的发现，首次融合在一起，直指佛陀冥想修行的核心。

读这本书的最大好处是，让你学会实用的冥想锻炼法，在短短几分钟里，放松你的身心，提升幸福感，培养安宁感、同情心，减少痛苦。这本书也将引领你以全新的、充满智慧的视角，像佛一样看待生活，并培育和发展这种智慧。当然，要想从冥想中得到收获，关键是不管冥想多简单，都要在日常生活中坚持。佛陀在菩提树下打坐冥想，他的弟子在寺庙中冥想，现在的你在家中冥想也可以获得相同的效果，一样的清晰有效。

我曾经亲眼见识过里克先生和理查德先生用这些秘诀，使参与冥想锻炼的人在意识和心灵方面得到了引人注目的积极效果。

人类比以往任何时候都更需要找到关爱、理解以及平和的道路，无论对个人还是对整个世界都一样。学会像佛一样冥想，就是最好的方法。

愿上述评论恰如其分。

杰克·考恩菲尔德 博士

伍德埃克，加利福尼亚

2009年6月

CONTENTS [目录]

第一章

冥想5分钟，等于熟睡一小时

初学冥想5分钟

冥想其实不难，只要你曾经专注地仰望过一次星空、观察过一片树叶……你就体验过冥想。

在日常生活中，不经意的冥想也许会给你带来好处。而当你有意识地进行冥想时，它所带来的改变绝对会让你吃惊和欣喜。

冥想初尝试：

试着做5个深呼吸，让自己完全沉浸在呼吸的感觉中。

1. 吸气，比以往都更深一点，试着数1、2、3、4、5。

2. 停顿一下，呼气，将刚才吸入的空气都排出去，同样数1、2、3、4、5。

让你吸气和呼气持续同样长的时间。

3. 停顿一下，再一次深呼吸。

好，5个深呼吸后回味一下，是不是觉得在那一小会儿的时间里，你心中的杂念随着呼吸被一点点排光？并且现在大脑好像被清空了，随时能吸收新的信息，注意力也更加集中，像是充了电一样？

没错，冥想能让你像从熟睡中醒来一样充满活力，更能加强你的注意力，让你能更好地控制它。相应地，你不会再为小事而分心了，内心平静而放松，思维更加清晰，决策能力得到提高。

冥想还有许多好处，我们会在后面为你一一呈现。当你完全掌握了冥想，能随时随地进入冥想状态，你将会发现一个全新的自己！

冥想准备：

1.　找一个不易被打扰的地方。

2.　利用没有急事缠身的时间。

3.　坐直，背挺直。不要躺下，躺着有可能睡着，坐直会使你集中精神。

4.　不需要盘腿而坐，坐在椅子上也可以。

5.　香薰、蜡烛、音乐，依你的喜好而定。

6.　穿着宽松舒适。

注意：

冥想的时间、地点，包括姿势，并没有统一的模式。你可以随心所欲，不用拘泥形式，想怎样冥想就怎样冥想。

上面这些冥想准备，是前人经验的总结，能帮助你更快进入冥想，掌握冥想的窍门。初学者可以这样入手，5分钟即可，然后再慢慢延长。

你的大脑重3磅，内部组织有点像豆腐，共有1.1万亿个细胞，其中包括1000亿个神经元。平均每个神经元会连接5000个其他神经元。

雨虽然停了，但你仍然知道下过雨。你的意识也一样，只要你产生过想法和感觉，即便你已经遗忘了，它们也会在你的大脑里留下印记。心理学家认为，当很多神经元同时启动时，它们之间会建立某种联系，精神行为就是通过这种联系来传递信息的。

比如出租车司机，因为工作的关系需要将大街小巷的地理位置都烂熟于胸，所以他大脑中的海马体，也就是存储形象的记忆空间，其使用频率就比一般人高得多，因而他能清楚地识别地理位置。

其实与上述道理一模一样，你的大脑就是被各种想法和感觉不断塑造出来的。正因如此，你才可以运用你的意识来改善你的大脑。这样做会让你的整个人生更加美好，也会让和你接触的其他人受益。

这本书就是要教你通过具体操作来优化你的大脑，这具体操作就是冥想。你会了解到，当你享受幸福、爱和智慧的时候，你的大脑是什么样的状态。然后你通过冥想锻炼来掌握技巧，懂得如何激活大脑的这种状态，并强化这种感觉。冥想将使你获得一种逐渐改变大脑内部神经的能力，从而由内而外获得更大的幸福感和丰富的人际关系，使你身心安宁。

仰望头顶的星空，你就体验过冥想了

> 如果你想获得更多的幸福快乐、内在力量、智慧思想和内心安宁，当然应该向那些冥想修行者取经。

就像显微镜的发明带来了生物学革命一样，过去几十年里，类似功能性核磁共振成像技术这样的新型研究工具的应用，使得人们能更加深入地了解大脑及其意识的活动方式。结果就是我们现在可以使用很多方法优化大脑，让我们在处理日常生活时变得更加快乐和高效。

近来，人们对冥想这种方式也愈发关注。几千年来，传统的冥想方法帮助人们深入大脑深处，让大脑宁静深沉，足以听清楚默默低语，并以精细的方法对大脑加以优化。

如果你想掌握某种技巧，通常最好的办法就是向那些已经掌握了这种技巧的人学习，这就好比你想烧一手好菜，就应该向顶尖厨师讨教厨艺一样。因此，如果你想获得更多的幸福快乐、内在力量、智慧思想和内心安宁，当然应该向那些冥想修行者取经。这里的冥想修行者，就是指那些虔诚信徒和修道和尚。

虽然"冥想"这个词听起来很深奥，但是只要你祈祷过，或者怀着好奇的心情仰望过星空，那你就已经体验过冥想了。世界上有很多的冥想形式，其中大部分都和宗教派别有关，包括基督教、犹太教、伊斯兰教、印度教和佛教。当然，其中和科学体系最接近的是佛教。

怀着平静的心情仰望星空，你就在体验冥想。

和自然科学一样，佛教鼓励人们不要盲目信仰，甚至告诉你根本就不需要什么神灵。佛教拥有一套自己的关于意识的理论模型，可以直接和当今的心理学、神经学理论模型相对应。因此，本书在尊重其他打坐形式的基础上，单独选取佛教的视角和方法来进行具体阐述。

把心理学、神经学和打坐修行法想象成三个圆圈，三者的交叉区域就是我们关注的重点。科学家、临床医生以及打坐修行者已经对大脑健康状态有了很多的了解，对于如何激活这种状态也有很多的实践。

这些重大的发现和经验可以帮助你切实优化你的大脑。你可以运用这种能力减轻痛苦，减缓各类生理功能紊乱，增强你的幸福感。这其实就是佛教修行中所说的"觉醒之路"的核心，没有什么书能让你读完之后就直接成佛，但是如果能让你对佛陀的大脑和意识有更深入的理解，借助佛陀在这条"觉醒之路"上留下的种种经验和教训，你就可以充分发掘自己大脑的潜能，充满快乐和关怀，具备更敏锐的洞察力。

冥想，就是大脑的觉醒

对于那些每天24小时、一周7天被工作折磨得根本没时间进行精神锻炼的上班族来说，更需要学会冥想，让大脑觉醒起来。

究竟是什么导致了诞生整个宇宙的大爆炸？如何才能协调量子力学和广义相对论，从而产生一个大统一理论？大脑和意识，尤其是自我意识，究竟是什么关系？最后这个问题之所以可以和其他两个问题相提并论，是因为它们三个一样难以回答。这已经成为当今世界的几大科学谜团。

在哥白尼之后，大多数受过教育的人都接受地球绕着太阳转的事实。但没有人知道地球为什么会绕着太阳转。大约150年之后，牛顿提出了万有引力定律，这才揭示了地球公转的原因。又过了200多年，爱因斯坦进一步优化了牛顿的理论，提出了广义相对论。用这个过程加以推算，我们预计需要350年甚至更长的时间，才能彻底搞清楚大脑和意识之间的关系。当下，我们关于人脑相对合理的假说是，意识就是大脑的活动。

因此，冥想其实就是大脑的觉醒。纵观整个人类历史，无数默默无闻的男男女女和先贤大师们一起，以非凡的大脑状态培养了非凡的精神状态。比如，西藏的修行者进入深度冥想状态时，会极其罕见地扩散出强烈的伽马脑电波（人的脑电波按频率可分为三种：贝塔波、伽马波和阿尔法波。伽马波是由脑部额叶和顶叶联合皮质区引起的，而这些区域是负责人类情绪以及快乐的），在其影响范围内，各神经系统会产生每秒30～80次同步脉冲信号。

人类的大脑是在孩童时期发育成熟的，意识也是如此；如果大脑受伤，那么意识也会因此而受损。大脑在化学成分上的微小变化都会引起人类情绪、注意力以及记忆力的变化。越来越多的研究显示，意识是牢固依存于大脑的。

当然，目前还没有任何人知道大脑是怎样被意识塑造的。在这里，你不需要脑电图，也不需要神经科学博士学位，只要直接观察、体验你自己和这个世界，你就会变得更加快乐、更加友善、更加健康。当然，如果能理解究竟大脑是怎样受到影响的，肯定会更有帮助。特别是对于那些根本没时间进行有意识的精神锻炼的上班族，每天24小时、一周7天被工作折磨着，更需要学会冥想，需要优化大脑，让大脑觉醒起来。

佛在冥想前，一样有痛苦

我们人类的大脑极度发达，它提供了肥沃的土壤让这些痛苦长成参天大树。利用冥想优化大脑，就可以锯断痛苦之树。

尽管生活中有很多愉快和喜悦，但同时也有很多不适和悲伤——这些不幸其实都是由基因，或者说是动物（包括人类自己）进化产生的三种不同求生策略所决定的。尽管单纯从求生的角度来看，这些策略的确有效，但它们也带来了痛苦。

简单来说，这些策略就是要保证，当动物（或者人）遇到麻烦、感觉不舒服或者极端痛苦的时候，神经系统会立即发出警报信号，让动物（或者人）远离麻烦。但是由于求生策略本身存在着内在矛盾，所以在实施下述三种策略时，麻烦还是会伴随我们。

- 切断联系，在自己和外界环境之间建立一个边界；
- 试图阻止正在发生的改变，以便在小范围内保持内在系统的稳定；
- 趋利避害，接近机会，摆脱威胁。

大多数动物的神经系统都没人类发达，不会让这些策略产生的警报演变成巨大的悲痛。人类会为未来而担忧，为过去而悔恨，为当下的所作所为而自责。当无法得到想要的，就会失落；当失去钟爱的，就会失望。会因为那些带给我们痛苦的事物而饱受折磨；面对痛苦，我们心烦意乱；面对死亡，我们忧愤交加，一天天地在忧愁中醒来。这些被我们的不愉快和不满所围绕的痛苦，实际上是由我们的大脑营造出来的。注意，是被营造出来的，而不是本来就有的。

因为它们是被营造出来的，所以有希望被解决。之所以这么说，是因为既然大脑是这些痛苦的根源，那么毫无疑问，也可以通过大脑来解决。

佛不是生来就有的，是冥想锻炼出来的

2000多年以前，有个年轻人名叫释迦牟尼——此时他既没有悟道，也不是佛，他花了好几年的时间对自己的意识，也就是大脑进行训练。

在释迦牟尼悟道的那天晚上，他探查自己的意识（意识其实就反映和显示了他大脑的内在活动）时，发现意识深处既有痛苦的根源，也有摆脱痛苦的自由之路。于是，在之后的40年里，他的足迹遍及印度北部，向那些肯于倾听的人传授如下心得。

● 如何熄灭贪憎之火，正直生活；

● 如何看破迷茫之雾，坚守本心；

● 如何洞见智慧之光，实现自由。

简而言之，他教授的就是道德、静观（mindful，我们也称之为注

佛不是生来就有的，释迦牟尼在菩提树下打坐冥想，才悟道成佛。

意力集中）和智慧。这其实就是佛教修行的三大支柱，在我们的日常生活中，也可称之为幸福感、心理成长和精神价值的实现。

大脑皮层部分掌管道德——简单而言，道德就是在行为、语言和思想上为自己和他人谋利、避害。在你的大脑里，道德是由前额叶大脑皮层区采用由上至下的管理方式进行调控的。前额叶指的是大脑最前面的那部分，紧贴着前额，大脑皮层则是指大脑最外面的那层皮质。道德判断会同时受到从大脑底部延伸上来的副交感神经系统以及主导正面情绪的边缘系统的影响。

如何学会真正的体验法——静观，或者说是内观以及专注，实际上探讨的是，如何技巧性地关注人类的内在世界和外界环境。你大脑的状态取决于你到底体验到了什么，所谓静观就是引领你走向体验美好事物的大门，体验它们，并最终把它们转化为你自身的一部分。

如何有智慧地应对欢乐和痛苦？实现它需要两个步骤：首先，要搞清楚什么东西在害你，什么东西在帮你——换句话说，痛苦的根源是什么以及如何终结痛苦；然后，在这种认识的基础上，努力摆脱那些害你的东西，加强那些能对你产生帮助的东西。这样做的结果就是，随着时间的流逝你会感到和万物的联系更加紧密，能够更加平静地对待事物的变化和终结，对欢乐不再那么患得患失，对痛苦也不再一味地死命抵抗。

冥想需要约束、学习和选择

道德水准、静观能力和智慧是由大脑的功能支撑的，而这就是我所冥想的基础。

道德、静观和智慧实际上是由大脑的3个基本功能所支撑的，这3个功能分别是：约束、学习和选择。我们的大脑就是通过一套激励、抑制功能的组合来实现对自身的约束和对其他身体系统的约束，就像指挥交通的红绿灯一样。大脑会通过组合新的神经连接回路以及加强或削弱已有的回路来进行学习，然后，它会根据自身的经验对事物的价值进行判断，从而实现选择。

这3个大脑的基本功能在我们神经系统的各个层面上都发挥着作用，小到神经末梢上分子错综复杂的运动，大到整个大脑的控制能力、行为能力和判断能力，莫不如此。

当然，每种大脑活动都和这3个基本功能中的某一个联系得十分紧密。例如，道德判断就直接取决于大脑的约束功能，无论是正面的行为倾向还是负面的约束禁止，都是如此。

静观意识的形成则取决于大脑的学习功能——我们前面说过，大脑所关注的事物会重塑大脑的神经回路，因此学习会让你的自我意识变得更加强大、更加稳定，注意力更加集中。

智慧则是个优化选择的问题。比如，为了得到更大的快乐，你会选择抛弃一些较小的快乐。

要想提高你的道德水准、静观能力和智慧，就必须改善大脑的约束功能、学习功能和选择功能。所以，加强这3种神经功能是指导我们进行冥想锻炼的基础。至于具体怎么做，敬请少安毋躁。

让自己跟着佛一起冥想、一起休息

随着时间、努力以及技巧性地利用冥想优化大脑，你的道德水准、静观能力和智慧将逐渐得到强化，你就能感受到更大的快乐，并且更富有爱心。

某些传统的修行方法把觉醒叫做对真如本性的解放，他们认为道德、静观和智慧本身一直存在于意识深处，只不过你被外物蒙蔽，没发现它们；但也有另外一种说法，认为这是一种意识和身体的转化。其实，这两种关于"觉醒之路"的理论，实际上是互相支持的。

一方面，你的本性其实是一个综合体，既是一个需要救赎的对象，也包含实现这种救赎的资源，即支持你心理成长和精神锻炼的丰富源泉。值得关注的是，那些深入过自己意识深处的人们，也就是那些贤者和各种宗教信仰里的圣人们，都证实了同一个事实：你的本性是纯洁、善良、安详、清朗、睿智和充满爱心的，并和现实当中的某种终极存在——具体怎么称呼这个终极存在，可能各有不同——以一种神秘的方式融为一体。尽管你的真实本性有时会被压力、忧愁、愤怒和无法满足的欲望所遮盖，但它始终是存在着的。确认这一点，我们可以得到莫大的安慰。

另一方面，和自己的意识以及身体一起努力，进行自我完善，同时根除那些阻碍自我完善的陋习。即便是那种破除迷障彰显真实本性的修行，说到底也需要通过训练、净化和转变的渐进过程，才能真正地破除想要破除的东西。所以我们只能有些自相矛盾地形容整个过程：你需要不断努力才能找回你的本性。

无论你用上面的哪个说法来形容整个过程，其中关于意识的变化——内在纯洁本性的释放，或自我完善人格的培养，实际上都是大脑本身的优化。通过理解大脑的工作原理和大脑发生优化的机理（比如，大脑是如何被情绪所劫持，或是如何保持沉稳的道德情操；为什么注意力会分散，注意力又是如何集中的；为什么有时会做出错误的判断，而有时又会做出明智的选择，等等），并结合有意识地冥想，你就可以加强对大脑的控制，从而更好地掌控意识，体验更强烈的幸福感，充满爱心，拥有更加准确的洞察力，跟着佛陀在觉醒的路上一直走下去。

站在自己一边，掌握自己的未来

要改变过去是不可能的，甚至连改变现在都不可能。对于过去和现在，全盘接受是我们唯一的选择。但对于未来，学会冥想，进而优化大脑，你的确可以播撒美好的种子。

一个基本的道德原则是，你对于某人拥有的权力越大，你对他的义务也就越大。那么，到底你对谁拥有的权力最大呢？毫无疑问，就是你自己，也包括你的未来。生活就掌握在你自己的手中，将来会怎样完全取决于你自己，取决于你到底有多在乎它。

在我6岁那年感恩节的晚上，我经历了我这一辈子最重要的一件事。那天晚上家里有些不愉快，我走出家门，站在我们家前的路上，路的对面是伊利诺斯州的玉米地。我望着黑色大地上的车轮印发呆。因为那阵子雨下得比较多，地上有很多积水。远处的山巅上星光闪闪，我感到内心宁静而清晰。就在一瞬间，有一种奇妙的感觉袭上心头，一切都发生得那样突然：那种感觉霎时笼罩了我，我感觉自己好像被什么力量抓住了，超越了时空，找到了一条通向遥远星光的大道，并明明白白地感受到，这种感觉深处可能就代表着幸福。

我一直牢记着这一时刻，因为在那一刻我真正明白了自己能够掌控什么，不能掌控什么。学会如何掌控并不难，甚至毫不费力。后面的章节里会有一些具体案例：比如你深深吸一口气，然后再慢慢呼出来，这可以启动你的副交感神经（PNS）的镇定机制；又比如当你想到一些不愉快的经历时，你可以试着回想一下和某个深爱你的人在一起的情形，这样就能用积极乐观的情绪驱散那些不愉快的记忆；又或者你可以有意识地延长自己快乐情绪的持续时间，从而保持意识的稳定状态。

快乐情绪持续时间的延长，能够增大神经传递介质多巴胺（多巴胺是大脑分泌的一种神经传导物质，用来帮助神经细胞传递信号。多巴胺主要负责大脑的情欲、感觉、兴奋以及开心程度，可以影响一个人的情绪）的浓度，而多巴胺则可以有效帮助你保持注意力的集中。

反反复复地进行这样微小的调整和锻炼，时间一长就会有明显效果。实际上，和有意识地进行个人成长训练或修行一样，日常行为也蕴含着大量的机会，可以对你的大脑进行由内而外的优化。在这个很多事都是你无法控制的世界上，你的确有这样美好的能力。一滴雨水或许没有巨大的威力，但是无数雨滴汇成涓涓细流，随着时间的推移，就可能开山裂石，冲击出美洲大峡谷这样的世界奇迹。

要想一步一步实现上述过程，你就必须站在你自己这一边。刚开始的时候，这可能不会那么容易，大多数人对待自己都没有像对待他人那样细腻。站在你自己这一边，对从根源上改善你的大脑状态无疑会有很大帮助。重视以下事实能够帮助你做到这一点。

● 你也曾是个小孩，和其他任何小孩一样，都应得到关爱。小时候，你会把自己当做一个小孩看待吗？（显然会。）是不是期待把最好的都留给这个小孩呢？（显然是的。）现在其实也一样：你和其他任何人一样都是个正常的人类，和其他任何人一样都渴求享受幸福、爱和智慧。

● 在"觉醒之路"上前行，能使你在工作中更有效率，更懂得处理人际关系。想想看，其他人会因为你的幽默、热心和睿智而受益良多。发展你的内在人格显然不是自私，而是给其他人一个伟大的礼物。

世界悬在刀锋上，我们可不能悬在刀锋上

当你和他人能更好地控制自己的意识，学会用冥想优化大脑的秘诀，那么，我们改变的就不仅仅是我们自己，我们所生活的世界也就更可能朝好的方向发展。

在所有的事物中，最重要的是我们应该考虑一下，我们自身的发展会给这个世界带来什么。纵观我们这个星球，一方面，民主化越来越普遍，各种平民社会组织不断涌现并发展壮大，人和人之间、国家或民族之间越来越相互理解——虽然这种相互理解的关系非常脆弱；但另一方面，这个世界的温室效应越来越严重，军事科技越来越发达，武器越来越致命，十多亿人每天晚上都会在饥饿中进入梦乡……可以说，我们这个充满贪婪、迷茫、恐惧和愤怒的世界目前正悬在刀锋上。

和历史上其他任何时代一样，我们这个世界此时此刻所面临的不幸和机遇同时存在。自然资源的不断枯竭和科技的不断进步，都需要我们把自己从业已存在的悬崖边缘拉回来。我们的问题其实并不是缺乏资源，而是缺少意志力和自制力，缺少对正在发生的事物的关注，缺少对自我中心主义的明悟，或者换句话说，就是缺少道德、静观以及智慧。

当你和他人能更好地控制自己的意识和大脑了，那我们所生活的世界就可能朝好的方向发展。

大脑常识课NO.1

大脑的基本说明书

■ 人的大脑重3磅，内部组织有点像豆腐，共有1.1万亿个细胞，其中包括1000亿个神经元。平均每个神经元会连接5000个其他神经元，神经元与神经元之间的接触点叫突触。

■ 大脑是你意识的首要执行者和塑造者，它非常忙碌。大脑只占人体总体重的2%，但氧气和葡萄糖的消耗量却是人体全身消耗量的20%～25%。你的大脑就像一台冰箱一样，时刻嗡嗡叫着保持自身的运转，无论你是处于深度睡眠状态，还是在努力思考问题，它消耗能量的速度却是差不多的。

■ 大脑是作为一个整体系统运作的。因此，当我们说大脑的哪部分负责哪种单一功能——比如说某处主管注意力，或者某处主管情绪时，通常只是一种简化的说法。

■ 大脑会和你身体中的其他系统产生互动（你的身体又会和外在世界产生互动），并被意识所塑造。大致来说，你的意识是由你的大脑、身体、外在自然世界、人文文化以及你的意识本身所构成的。当我们说大脑是意识的基础时，实际上也是做了简化处理。

■ 意识和大脑之间的互动是如此的深远，以至于我们最好把它们从整体上理解为一个系统，一个意识和大脑互相依存的系统。

■ 神经元可以通过神经末梢向其他神经元发出信号，这种信号通常是一股化学物质，科学家称之为神经传递介质或神经传导介质。信号会给神经元发出是否启动的指令，收到信号的神经元最终启动与否，取决于此刻它收到的所有信号的排列组合。一旦这个神经元启动了，它就会通过自己的神经末梢向其他神经元发出信号，向它们发出启动或不启动的指令。

■ 每个神经信号都会携带一点点信息，就像你的心脏向身体各处输送血液一样，你的神经系统也会向你的大脑各处传送信息。所有这些信息放在一起，也就是我们定义的所谓你的意识了。你的大部分意识其实都处于表层意识之下，也就是潜意识之中。按照科学家的定义，意识包括简单的肌肉控制和神经反射信号以及复杂的知识技巧，像骑自行车的技巧、脾气秉性、希望和梦想以及你阅读的这些文字等，都是意识。

■ 有意识的精神行为来源于神经末梢时聚时散的临时连接。神经末梢的聚散通常都发生在几秒钟之内，如同河流中的小漩涡一样，时而产生，时而消失。当然，这种连接也可以保持下去，从而加强神经元之间的联系。

第二章

"定"的冥想法·让痛苦靠边站

"定"的冥想法

你是否经常默默抱怨，总觉得很多事情都不公平，他们的做法都不正确？

你是否明知道自己愤怒过头，却控制不了自己，压不下怒火？

你是否因他人的混乱而变得混乱，因他人的不安而感到不安，因他人的不满而感到不满？

你我生活在一个不得不抱怨的世界里，太多的负面情绪包围着我们，一点点小事情就能引爆我们的愤怒神经。尽管经常告诫自己不要生气、不要动怒，结果我们还是被怒火所控制。另外，这些负面情绪还会传染，就像病毒感冒一样让周围的人感到难受，却无能为力。

如果你需要的话，我们现在可以花点时间一起来品尝一下"定"的味道。"定"的感觉和那种处于深度冥想状态里包容一切的感觉又不一样，它是一种平等、通透、安宁的意识状态。当你体会了"定"，你就不会再被情绪所劫持，也会拥有更健康、更自如的心理状态。

试着按下面步骤练习"定"的冥想法。

1. 闭上眼睛，花几分钟做几个深呼吸，放松，稳定一下你的情绪。随后，你可以把注意力集中在肚子上、胸口，或者嘴唇上，感受它们随着呼吸一起一伏。

2. 集中注意力，静观你以往经历的感情色彩，看看它们是愉快的，不愉快的，还是中性的。要带着一种公正无私、不偏不倚的心态，去体验心头升起的各种想法和感觉，并让这种公正无私不断壮大。

3. 体会一下此时内心的自在、轻松和安宁，平静地查看这些想法和感觉。让你的意识变得越来越稳定，越来越安详，越来越冷静。

4. 倾听周遭的各种声音，但是不要让听到的东西影响你的心绪；体会各种感觉，同样也不要让这些感觉影响你的心绪；体会各种想法，同样也不要陷入这些想法而不能自拔。

5. 在自己倾听、体会和思考的时候，注意各种想法和感觉附带的感情色彩，看它们是愉快的，不愉快的，还是中性的。

你是一个旁观者，体会它们来来去去，变来变去，它们和真正的幸福感一点关系都没有。不要认同它们，也不要和它们混在一起。事实上，人们需要使用它们，但是没人需要拥有它们。

6. 体会这些想法和感觉来来去去，但不要对它们有所反应。体会自己和它们逐渐脱离，让自己既不会去试图捕捉欢乐，也不会拼命抗拒痛苦。

在欢愉中，只有欢愉，没有其他任何东西，也没有你对欢愉感觉的反应。在不欢愉中，也只有不欢愉，同样也没有其他东西，没有你对不欢愉感觉的反应。

在中性的感觉里，也只有中性感觉本身，没有其他东西，没有你对中性感觉的反应。这是一个不偏不倚的精神状态，没有任何的倾向性。让你的意识休息，不做任何对外反应。

这种状态就是佛教修行中的"定"，一呼一吸之间，自由自在，不断地进入更深层次的"定"，尽你最大可能去体验那种自由、满足和宁静的极致。

7. 此时，你可以睁开眼睛，把你眼睛看到的都带进"定"之中，无论看到什么，都不带任何偏好地将其带进你的意识空间里，不管它是愉悦的也好，不愉悦的也好，中性的也好，不做任何反应。

8. 冥想结束的时候，活动活动身体，体验一下身体各部分的感觉，同样不要带任何偏好，不管种种感觉愉悦的也好，不愉悦的也好，中性的也好，都不去评价。

在接下来的一整天里，你可以仔细体会，你内心这种"定"的状态会给你自己和身边的人带来些什么。

生命中有很多美好，但也有很多艰难。看看你周围的人吧——可能每张面孔都带着不少疲倦、失望和忧虑。恐怕你也有自己才知道的挫折和悲痛。从微小的孤独和沮丧，到沉重的压力、伤痛和愤怒，再到感觉强烈的肉体创伤和精神伤害，我们都得承受，为了生计，别无选择。我们把所有这些综合起来，统称为痛苦。很多痛苦都温和而绵长，例如焦虑、暴躁、缺乏满足感等，我们本不想要这些情绪，总是希望用满足、关爱和安宁来替代它们。

不论要解决什么问题，你都必须先去了解它的根源，只有这样才有可能解决。那些伟大的内科医师、心理医生和灵魂导师，都是他们各自领域内判断疾病成因的行家里手。比如说，佛陀在他的四圣谛理论里，就确认了痛苦（苦谛），诊断出了痛苦的成因（集谛，对外物的拼命攫取），并指出了解决办法（灭谛，从"集"中解放出来），给出了具体的治疗方案（道谛，也就是八正道）。

这一章我们将从进化论的角度对痛苦进行分析，并找出它在大脑中的源头。一旦你理解了自己为什么感到紧张、厌烦、激愤、失落、忧郁或者不平，这些负面情绪对你就没有那么大的威胁了。毫无疑问，这样做能在一定程度上缓解你的痛苦，而且只有理解了这一部分，你对本书后面开出的"处方"才能更具体地理解和操作。

背着3个与生俱来的包袱，不痛苦才叫奇怪

稳定状态被打破，机会消失，威胁靠近，痛苦就产生了。

经过几亿年时间的艰难进化，我们的祖先发展出了三种基本的求生策略。

- 切断联系——在他们自身和外在世界之间建立边界，或在一种特定的精神状态和其他精神状态之间建立边界；
- 维持稳定——让自身的肉体系统和精神系统保持平衡稳定；
- 趋利避害——努力获取那些对繁衍后代有帮助的东西，逃避或者抵抗那些对繁衍后代没好处的东西。

这些策略曾经在生存斗争中效果非凡，但是上天在这么安排的时候，并未考虑这些策略会带给人类什么样的感觉。

为了驱使动物，包括人类自己，在采用这些求生策略的同时，通过基因把它们传递给后代，神经系统进化出了在特定条件下产生疼痛和悲伤的机制：当切断联系的企图被遏制，稳定状态被打破，机会消失，威胁靠近，痛苦就产生了。

不幸的是，这种情形一直都在不断地发生着，这是因为：

- 所有的事物都是相互关联的，不可能完全切断联系；
- 所有的事物都在不停地变化着，没办法维持绝对的稳定状态；

把背上的三个包袱赶紧放下，你就不那么痛苦了。

● 所谓的机会，往往都是因为它还没有成为现实，所以才被称为机会；威胁之所以是威胁，就是因为大多数情况下都无法逃避（比如老去，比如死亡）。

接下来，让我们看看上述这些都是如何让你感到痛苦的。

你不仅仅是你的，还是人类的，社会的，亲朋好友的……

你是一张大网千百万连接点中的一个，你不仅仅是你的，还是人类的，社会的，亲朋好友的……你不可能切断和外界的联系，你的存在是和身边事物相互依赖的。

大脑顶叶位于脑袋的后上半部分（所谓"叶"，指的是大脑皮层上的包裹物）。对于大多数人来说，左侧的顶叶建立了我们的自我认知，让我们产生自己和外在世界有区别的感觉，右侧的顶叶则会把我们的身体与外界环境相比较。两者综合在一起，实际上就是在不证自明地宣称：我是一个与众不同的独立个体。在某些情况下的确如此，但在很多重要的场合下却不是这样。

你在不断地和外界发生各种交换

你和外界有着千丝万缕的联系，你的大脑和外界之间进行语言和文化的沟通，这种沟通从你出生的那一刻起就已经开始了。

一个有机体要想生存下去，就必须进行新陈代谢，必须和外界环境交换物质和能量。实际上只需一年的时间，就足以让你身体里的大部分原子都被外界来的新原子取代。你身体所消耗的能量，哪怕是取一杯水来喝所消耗的能量，归根结底都来源于阳光。阳光被植物的光合作用转化吸收后，再通过食物链一级一级传递到你这里。可以认为，其实是阳光的能量把水杯端到你嘴边的。你的身体和外在世界之间的联系千丝万缕，它们之间如果有道墙的话，顶多就是一堵到处露着窟窿的篱笆墙。

至于你的意识和外在世界之间，有点像画着斑马线的人行横道。从你生下来的那一刻起，语言和文化就开始进入你的意识。与生俱来的移情能力和爱心会让你自然而然地有融入他人的倾向，最终让你的意识和其他人的逐渐同化。这种精神行为实际上是双向的，他人会影响你，你也会影响他人。

你的意识内部是没有明显的分界线的。所有的一切都会互相转化，感知会引发思考、感觉、欲望、行为以及更多的感知。自我意识的涓涓细流带来神经线路的沸腾和涌动，每条神经线路又会带动下一条线路，这种情形耗时往往不到一秒钟。

过去的人和事构成了你的现在

回溯得更远一些，你身体里的绝大多数原子，包括你肺里的氧和血液中的铁，其实都诞生在恒星里。

我今天之所以能够站在这里，是因为当年塞尔维亚民族主义者刺杀了费迪南大公，从而引发了第一次世界大战，正是这次大战间接让我的父母在1944年军队组织的舞会上相识。当然，实际上今天在场的任何人之所以会出现在这里，我们都可以找到一万个理由。

我们沿着时间的长河向上游追溯，要走多远呢？我的儿子出生时脖子被脐带缠住了，而他之所以今天还存在，要感谢越来越先进的现代医学。

或者我们回溯得更远一些：你身体里的绝大多数原子，包括你肺里的氧和血液中的铁，其实都诞生在恒星里。

在早期的宇宙里，氢几乎是唯一的元素。恒星如同巨大的熔炉，生生地把氢原子挤压在一起，从而形成更大的原子、更重的分子，并在这个过程中释放出巨大的能量。随后，新星爆炸，内部物质四散喷涌、飞向远方。直到宇宙诞生了大约90亿年之后，我们的太阳系才逐渐形成，弥漫于宇宙间的大量重原子组成了我们的这个星球，并形成了一双双拿起这本书的手，形成了一个个能够理解这本书的大脑。所以，实话实说，你之所以会在这里是因为在遥远的过去曾有非常多的恒星爆炸——你的身体其实是由星尘组成的。

你的意识同样也是由数不清的前因所构建的。想一想，那些在你的生命中经历过的人和事，是他们塑造了你的观点、人格和情感。想象一下，假如你出生在肯尼亚可怜的小杂货铺店主家里，或者生在德克萨斯一个富得流油的石油富豪之家，你现在会是什么样，你的意识将会和现在有多么大的区别啊。

当包袱过重时，你就会痛苦

当你觉得这种脆弱带来的负担太过沉重，或者让你承受这样大的负担实在不公平时，痛苦就产生了。比如，当你受到疾病、衰老和死亡威胁的时候（这其实都是你的身体所面对的），你就会痛苦。

正是因为我们既和外在世界紧密相连，又有着独立的一面，所以当我们试图和外在世界切断联系、完全独立自主的时候，通常会感到失落，从而发出痛苦的信号，让我们感到骚动和威胁。

甚至，即便我们的努力导致了暂时的成功，长久下来最终的结果还是会痛苦。

当我们对外在世界的认识是"和我没什么关系"的时候，实际上是非常不安全的，这会导致你对外在世界怀有恐惧，产生抵触情绪。当你对自己说"我的这个身体不是这个世界的一部分"时，这个身体本身的脆弱就变成了你自己的脆弱。

当你觉得这种脆弱带来的负担太过沉重，或者让你承受这样大的负担实在不公平时，痛苦就产生了。比如，你感到了疾病、衰老和死亡在威胁你（这其实都是你的身体所面对的），你就会痛苦。

一切都在不停地变，包括你

> 大脑会给你发出威协、疼痛和悲伤的信号。也许你会非常痛苦，但这正促使你做出更好的改变。

你的身体、大脑和意识，包含无数的系统，要想让它们正常工作，就必须保持一个健康的平衡。然而问题是，外界环境的不断变化会不停地打破这些系统的平衡，从而导致神经系统发出威胁、疼痛和悲伤的信号，换句话说，你就会痛苦。

我们是动态变化的系统

外界环境不断地变化着，打破你身体的平衡，然后让你痛苦。

让我们回过头来看看单个的神经元，它释放神经传递介质血清素（我们也称之为5-羟色胺）。这个小小的神经元既是整个神经系统的一部分，又自成一体，是一个依托各子系统支持才能运转的小系统。当这个神经元启动的时候，神经元轴突会向神经末梢释放一股分子流。所谓神经末梢，就是一个神经元向其他神经元发出神经信号的连接线。每个神经末梢都含有大约200个装满神经传递介质血清素的小囊泡。每次神经元启动的时候，都会有5～10个囊泡释放出血清素。因为通常情况下，一个神经元每秒钟大约会启动10次，所以每个末梢上的血清素囊泡都会几秒钟清空一次。

因此，这个忙碌的小小分子机器，要么必须自己能够快速合成血清素，要么必须有一套回收附近血清素的本事。然后还要构建囊泡，把血清素填进去，并把这些囊泡移动到它们的工作位置上，也就是每个末梢的最末端。整个过程异常复杂，每一小步都必须保持平衡，稍有一点疏忽就会出错。实际上这个血清素代谢系统仅仅是你身体里成千上万个系统中的一个。

平衡两个矛盾，你才会健康

保持身体对周边环境的开放状态，并维持相对稳定，就是健康。

要保持你的健康状态，你身体里的各个系统都必须平衡两种相互矛盾的需求。

一方面，系统必须保持对周边环境的开放状态，从而接收能量和物质以维持自身运转。完全对外关闭的系统，其实就是死亡。

另一方面，每个系统也必须保持内在稳定，将自身的各项参数波动限定在一个相对稳定的区间内——不能太火，也不能太水。比如，前额叶大脑皮层（PFC）产生的抑制信号和边缘系统产生的唤起信号之间就必须保持一个平衡：抑制信号过强，你整个人就会麻木，唤起信号过强，你整个人就会疲于奔命。

大脑里安置着一个"温度计"

要让你身体里的各个系统都能保持平衡，就得有一套系统监控它们的状态，这就好像自动控温器必须带有温度计一样。

当发现某个系统的某个参数超出了稳定范围，你的大脑检测系统就会向调节器发出信号，调整系统重新回到平衡状态上（好比冷了就开暖气，热了就把暖气关上）。

这些调节系统绝大多数都是自动工作的，不需要你去主动控制。

当然，也有一些调节信号因为太过强烈，会闯入你的意识空间，影响你的自主行为。比如，当你感到非常寒冷的时候，就会打哆嗦；而当你感到非常炎热的时候，就会气喘吁吁。

上述这种闯入你意识空间的信号，都会带来一些不愉快的体验，部分原因是由于这些信号都带来了一种受到威胁的感觉——它告知你现在情况非常紧急，系统正在快速地远离平衡，沿着光滑的斜坡滑向危险。这个信号也许很微弱，那么你只是感觉不舒适；但这个信号如果非常强烈，那就是警报，让你感到惊恐。不论这个信号是强是弱，它都将驱使你的大脑去做点什么，以便能够尽快恢复平衡。

这种驱使信号往往会带来某种渴望：这种渴望可强可弱，弱得如同静静地期待，强得如强迫症一样让你绝望而疯狂。

有趣的是，"渴望"在佛教早期的语言巴利语中读"tanha"，这个词的原意就是口渴。"渴"是内脏受到缺水威胁的信号，但有时候也不全然如此，比如当你害怕被拒绝的时候，即便这种"威胁"和你的生命安全毫无关系，你也还是会感到口干舌燥，"渴"得要命。

威胁信号之所以能有效地驱动你的行为，恰恰是因为它让你感到不愉快，有时候是一点点痛苦，有时候是非常痛苦，所以你要去（做点什么）阻止它。

我们时刻不停地在抵抗变化

我们就好像生活在水量充沛的瀑布里，每时每刻被冲刷着——每时每刻都感觉被水流冲下悬崖，然后下一刻又面临新的冲击。在不断面临冲击、不断跌下悬崖的过程中，我们的大脑永远关注着上一次被冲击跌下悬崖的那个时刻。

实际上，这种威胁信号每时每刻都会袭来，只有偶尔当你身体的每个系统都保持了平衡状态，才会停那么一小会儿。

这个世界总是在不断地变化着，所以总会有这样或那样的原因打破你身体、意识以及人际关系的平衡。所以，你生命中的各种调节系统必须时刻不停地努力，给那些本质上就不稳定的各种生理、心理发号施令，小到你身体里的一个分子，大到你外在的人际关系，命令它们保持平衡。

看一看吧，其实在我们所处的这个世界里，没什么东西能永远平衡稳定地存在。从微观角度讲，基本粒子因为量子效应随时可能会蒸发消失；从宏观角度讲，我们的太阳迟早有一天会膨胀成一颗红巨星，并吞噬我们的地球。回过头来再看看你自己的神经系统，更是每时每刻都在不停地打破平衡进行变化。比如，前额叶大脑皮层里支撑你自我意识的区域，每秒钟就要更新5～8次。

这种神经学上的不稳定性，在意识的所有状态里都占主导作用。比如说，每当你有一个念头产生的时候，相关的神经末梢会在瞬间连接，并形成一个新的神经结构，但下一瞬间这个结构就会被打散，重新陷入无序状态，等待下一个念头产生。你可以体会一下自己的呼吸，一呼一吸之间，你能明显感觉到呼吸念头的产生、消散以及最后消失，然后再产生下一个呼吸的念头。

所有的事物都在不停地变化着，这是个普遍的真理，无论是外在的现实世界，还是内在的精神体验，都一样。只要你还活着，你身体里各个系统的平衡就会被不断打破。但是为了帮助你生存下去，你的大脑会时刻不停地和系统变化作斗争，在这个变化多端的世界里寻找阻止变化的模式和方法，为不断改变的外界条件构建永久不变的方案，从而阻挡这个浩荡的变化大潮。因此，你的大脑会永远追逐刚刚逝去的那一瞬间，不断去努力理解它、控制它。

蜥蜴躲危险，松鼠衔松果，猴子找香蕉……这就是你

我们总是去追求自我价值的实现，并避免耻辱。其实，抛开具体细节不谈，人类选择接近或躲避某种状态，本质上和猴子寻找香蕉，或者蜥蜴躲在石头下面是一样的。

为了把基因遗传下去，我们的动物祖先每天都必须做出无数的选择：发现一个东西，是接近还是逃避，这是个问题。如今，我们同样每时每刻都必须选择。

大脑决定了你的反射行为

面对接近还是逃避，你的大脑是如何做出判断的呢？你的大脑十分聪明，在潜意识里答案明确得很。

让我们假设你正在林中漫步。拨开树丛，你突然发现一个弯弯曲曲的物体出现在你面前。其后的神经反射过程，简化一下讲是这样的：在最初的0.1秒里，这个弯弯曲曲的原始图像被发送给枕叶皮层区（该大脑皮层区专门负责处理图像信息），用来处理成人脑能够理解的形象。然后枕叶皮层区会将这个形象向两个方向传递：一个是海马体区域，用于判断这个图像到底是个威胁，还是个机遇；另一个方向是前额叶大脑皮层以及大脑的其他部分，进行更加复杂也更耗费时间的分析。

在这种情况下，海马体区域会立即快速将这个图像与区域内存储的危险物列表进行比较。比较后一旦发现这个物体的形状和表中某个条目——比如蛇——吻合，海马体就会向你的杏仁核发送一个具有高度优先级别的警报信号："小心！"杏仁核有点像一个警报铃，它会立刻让这个危险警报响彻你大脑的各个角落，并向你的神经系统以及荷尔蒙系统发送一个异常高速的传输信号。在看到这个弯弯曲曲的东西后差不多一秒钟，你会一下子警惕地跳开来。

与此同时，前额叶大脑皮层中一个强大但相对缓慢的部分，已经把相关信息从你的长期记忆体中调出来，用于判断这个可恨的东西到底是条蛇还是根弯曲的树枝。几秒钟之后，前额叶大脑皮层总算搞清楚了，这玩意儿完全没什么危险，前面好几个人经过它都没什么反应，显然可以推断出，这就是根树枝。

在这个小插曲里，你所经历的一切有的让你很愉快，有的让你很不愉快，也有的是完全中性的。刚开始，当你走在路上的时候，心情可能是中性的，或者很愉快。然后当你突然发现一个好像是蛇的东西时，心情立刻因为恐惧而变得不那么愉快了。最后，当你弄明白这只是根树枝的时候，你一下子心情愉快，放松了下来。这种对当前经历的情感判断——愉快、不愉快还是中性，在西方心理学中被称为感情色彩。

感情色彩神经信号主要是由杏仁核产生。杏仁核会向其他神经结构发布这种信号，用这种方法让你的大脑从整体上把握每时每刻该做的事情，非常简单有效：接近让你感到愉快的胡萝卜，躲开让你感到不愉快的树枝，至于其他中性的感觉，那就直接置之不理好了。

快乐仅仅是抓住了蛇尾巴，它随时会回咬你

当你的某个欲望达成时，紧随其后的奖励往往不是那么巨大。它们其实很一般，和你过往经历的没什么两样：小饼干真的那么好吃吗，特别是你咬了两三口之后？这个新工作真的那么让你满意吗？真的值得你先前那么卖力地去争取吗？

我们的生存离不开神经系统，平时，我们可以加强体育锻炼使身体强壮，以加强我们神经系统的感知能力。不过你该知道，让你感到愉悦的东西有时候也可能给你带来痛苦。

- 欲望本身就是一种不愉快的体验，即使是温和的期待也多少不那么让人感到舒服。

- 当无法拥有渴望的事物时，你通常都会感到挫败、失望或气馁，甚至失去希望乃至绝望。

- 有的时候欲望达成之后的奖励的确非常非常优渥，但付出的代价也是非常高昂的，超贵的大份甜点是个非常典型的例子。获得认同、赢得争论以及最终让某人按照你指定的方式做事，都是如此。这些东西的性价比究竟值不值呢？

- 纵然你得到了你想要的，非常棒，而且代价也不高——完全是一流的、黄金标准的，愉快的体验也终会有改变乃至终结的一天，即便是最好中的最好的也无可避免。那些你欣赏的、享受的事物总会和你分开，有一天这种分开将是永久性的。朋友走了，孩子离家了，你退休了，你吸进最后一口气，然后呼了出来……万事万物，有始就有终，有合就有分。所以完全彻底的心满意足是不可能实现的，这是理解真正幸福的基础。

泰国冥想大师阿姜·查曾经作过一个类比：如果说感到不愉快是被蛇咬的话，那么感到愉快就是一把抓住了这条蛇的尾巴。或早或晚，这条蛇总会咬你的。

你大脑里的不愉快沉淀了太久太久——

大脑会让你放大过去的失败，忽视现有的能力，夸大未来的困难。结果就是，你的意识会不停地去渲染你人格、行为和信条中的失败色彩。这种自己给自己下的判断真的会把你压趴下。

目前，我们讨论了代表利益的胡萝卜，也讨论了代表危险的树枝，它们的威力似乎都差不多。但实际上树枝往往更加强大，这是因为你的大脑躲避树枝的优先级要高于接近胡萝卜。因为躲避树枝属于消极悲观经验，而非积极乐观经验。对生存而言，消极悲观经验通常会更加重要一些。

比如，想象一下7000万年以前，我们的哺乳动物祖先在地球这个侏罗纪公园里躲避恐龙的情形吧。它们小心翼翼，对哪怕是最轻微的树丛响动都高度警惕，时刻准备根据不同的形势选择立刻停止不动，或者闪电般地窜出去，又或者展开攻击。要么动作快点，要么死得快点。如果它们错过了某个胡萝卜——可能是一个获取食物的机会，也可能是一个交配的机会，通常以后还会有新的机会。但是如果他们没有躲过一个危险，比如某个凶猛的食肉动物，那就彻底结束了，未来再也不会有任何获得胡萝卜的机会。正因如此，我们这些通过层层生存竞争、优胜劣汰最后存活下来的人们，基因深处都会对负面经验非常关注。下面我们就探讨一下大脑躲避危险的六种缘由。

1、你有充足的理由警惕和焦虑

当你在清醒状态下无所事事的时候，你的大脑会处于一种基本状态，保持"默认网络"处于开启状态。这个网络的功能之一就是监测外界环境和身体内部各种可能的威胁。这种基本意识状态通常会伴随一种焦虑的感觉，从而让你保持警惕。你可以尝试用几分钟的时间闭着眼睛，不带任何最低级别的小心、不安和紧张情绪穿过一条走道。这非常困难，基本不太可能实现。

之所以这样，是因为我们的祖先，包括哺乳动物、灵长类动物和人类始祖，都曾经被食肉动物捕食。而且，在绝大多数灵长类动物的群落内部也都充满了激烈的争斗，雄性个体和雌性个体都参与竞争。在过去200多万年里，在原始人以及后来现代智人的捕猎团里，暴力冲突是男性死亡的主要原因。我们有充足的理由焦虑，因为我们的祖先经历了太多的恐惧。

2、大脑是个爱接受坏消息的装置

大脑对消极悲观信息的反应速度，通常都比积极乐观信息要快。从面部表情来看，人类这样的群居动物在面对威胁时产生的恐怖表情，往往比面对快乐的机会或中性信息时产生的特定表情能被更快速地辨识出来。这可能是因为杏仁核对消极悲观信息具有快速检索功能。实际上研究者们发现，即便惊恐的表情变得无法被有意识地察觉到，杏仁核依然会做出反应。大脑似乎就是为接受坏消息而设计的。

3、面对乐观经验，大脑像不粘锅一样反应迟钝

一旦事件被确认为消极悲观，海马体会确保它被小心地存储起

来，以备将来检索。这就是"一朝被蛇咬，十年怕井绳"的原因。你的大脑对待消极悲观经验，就像尼龙搭扣一样简单易用；面对积极乐观经验，则像特氟龙不粘锅一样反应迟钝。

4、坏消息比好消息更重要

消极悲观的事件带来的冲击通常都比积极乐观的事件要大。比如，几次失败之后你就很容易体会到无助的感觉，即便之后成功多次也很难驱散。人们会为了避免损失做很多事，却不愿意为获得和这个损失相当的收益做同样多的工作。和一个买彩票中了奖的人相比，交通事故的受害者需要花费更多的时间恢复到正常平稳的情绪状态。对某个特定的人来说，坏消息比好消息的分量更重。而在人际关系中，通常需要五个良性互动才能抵消一个恶性互动的效果。

5、你的悲观，无法彻底消除

即便你觉得自己已经摆脱了某种消极悲观经历的影响，其实它还是在你的大脑里留下了一段无法消除的痕迹。这段残留的痕迹会静静地等待，一旦你遭遇和以前那段经历类似的事件时，它就会被激活。

6、恶性循环将导致我们更加极端

消极悲观经验会导致恶性循环，它会让你悲观、过激，并让你倾向负面行为。

如你所知，你的大脑是带有消极悲观的偏见的，它会驱使你倾向于躲避。这种偏见会从多种角度让你更加痛苦。

首先，它会产生一种焦虑、不愉快的情绪，这对于某些人来说会相当强烈。焦虑会让你难以集中注意力进行静观，当然，打坐修行也会更加困难。

之所以会如此，是因为在这种状态下你的大脑会不停地扫描，以确保周围没什么麻烦。这种消极悲观的偏见还会酝酿和强化其他不愉快的情绪，比如愤怒、悲伤、忧郁、愧疚和耻辱。

大脑在疯狂地制造幻象

大脑的模拟功能往往会制造出幻象，像放小电影那样，一个劲在我们大脑里连续放着。当假象积累到一定的程度后，它就会欺骗你。

佛教理论认为，痛苦是"集"，也就是对外物的拼命攫取——通过"三毒"来表达的结果。"三毒"就是贪、嗔、痴，这是三个相当强大的传统概念，涵盖了一整套思想、言论和行为范围，十分微妙。贪，就是在胡萝卜后面追着跑；嗔，则是对树枝的厌恶——两者都涉及对更多愉快和更少痛楚的执著。而痴，是对于事物真实存在方式的种种无知，看不到事物是如何相互联系和转化的。

小电影在我们大脑里不停地放映着……

这些小电影的片段，就是我们很多感知的基础。对于我们的祖先来说，不断对过去事件进行重复模拟，能够增大生存的机会。

这几种"毒"有时候效果非常明显。大多数时候，它们都躲在你意识的大背景之下，暗暗活动，静静地启动、交织。有的时候，它们会用你大脑的非凡能力来描绘你的内在经验以及外界环境，从而实现它们的功能。比如，你的左右视觉区域其实都各有一个盲点，但实际上你是没法感觉到的，你看到的景物在这两个盲点区域并不是两片空白；这是因为大脑自己把这些空白给填满了，就像照相机的去红眼功能一样，这些都是全自动实现的。其实，很多你"看到"的东西，都是大脑自己"制造"出来的，就像电影中那些利用电脑生成的CG（computer graphic，电脑视觉设计）画面一样。枕叶系统，作为你大脑的视觉处理区，它所接收到的视觉信号里只有一小部分是来自真实的外在世界，其他的部分都是你大脑内部的存储记忆以及感知处理模块所提供的。你的大脑在模拟这个世界，我们每个人其实都是生活在由自己大脑制造的虚拟现实之中，只不过因为这个虚拟现实和真实世界几乎相差无几，所以我们才不会在行走过程中撞上家具。

产生这种模拟效果的神经类物质主要聚集在你的前额叶大脑皮层的中上部位。在这个模拟器里，小电影是一刻不停地在上映着。这些小电影的片段就是我们很多感知意识行为的基础建筑材料。对于我们的祖先来说，不断对过去事件进行重复模拟，能够增大生存的机会，因为这样可以通过重复构建在这些事件中的神经启动模式，强化我们对成功逃生行为的学习。对未来事件的模拟，同样可以增大我们的生存机会，因为这样可以比较各种情况下的不同可能，从中选择最优解决方案，还可以让我们的祖先事先准备好一定的感知-行为神经系统的启动序列，以确保在紧急情况下第一时间开展行动。在过去的300万年里，人类大脑的体积增大了3倍，这种体积的增大大部分都是用于改善大脑的模拟功能，这极大地增加了我们祖先的生存机会。

每一个放映着的小电影，上演的都是悲剧

大脑的模拟功能就这样日复一日、年复一年地折磨你，甚至在睡梦中也不放过你。它就这样不断强化你的神经结构，使你更加痛苦。

现在，人类的大脑已经习惯于时刻不停地进行模拟了。大多数情况下，这和增大生存机会已经毫无关系。审视一下你自己的白日梦，或者回顾一下你在社交中的问题，你就会看到上面我们说的小电影了——这一捆捆的模拟片段在通常情况下都只有几秒钟长。如果你审视得足够仔细，你能在其中发现几个问题。

- 因为毕竟是模拟，一旦这种功能开启，你的思绪会在瞬间远离当下状态。也就是说，当你正处理手里的事或者和别人说着话时，突然就陷入了沉思，好像魂一下子跑到了几万米以外，看你的那个小电影去了。但只有在当下，我们才能找到真正的幸福、爱和智慧。

- 在模拟的时候，愉快的感觉往往看起来非常强烈，无论是我们吃完第一块蛋糕后考虑第二块究竟是什么味道，还是想象一个精心准备的工作汇报会给我们带来什么结果。然而，真的能像我们在小电影里想象的那样，在一切真的来临时得到那么大的快乐吗？答案通常是否定的，大多数日常活动所带来的奖励往往没有我们自己模拟来得那么强烈。

- 模拟出来的片段，往往包含很多先入为主的东西："如果我说了什么什么，他就必然会说什么什么……"很显然他们不会让我们如愿以偿。有的时候，这种先入为主会在模拟中清晰地表现出来；但更多的时候，它们会用复杂的模拟情节来暗示。在现实中，这些明示暗示真的会如期发生么？有时候的确会，但大多数情况下显然不会。这些小电影常常让我们陷入经过简化的过往回忆之中，并让我们对那些缺乏现实基础支撑的未来或憧憬，或忧虑。有的时候，我们会因此而设计出和他人交流的全新方法，有的时候则纯粹是白日做梦。先入为主的概念让我们画地为牢，把生活局限在一个小圈子里，远比生活实际应有的地盘要小得多。我们就好像住惯了动物园笼子的动物一样，被放回广阔的天地后，却依然蜷缩在原来笼子般大小的小圈子里。

- 在这些模拟中，过去那些让人心烦的情景会一遍接一遍地上演，这很不幸，因为它会不断加强大脑中这些经历及其所带来的痛苦经验之间的神经联结。未来可能产生的威胁也会不断被模拟。但实际上大多数这样令人不安的情节从来都不会成为现实。即便有个别的成为现实，它所带来的不适也远比你预计的要轻微、短暂得多。比如，想象一下如果你把心里的话大声说出来会怎样？这个小电影几乎肯定是个悲剧结尾——你肯定觉得自己会被拒绝，然后很难受。但实际上在大多数情况下，当你真的把心里话说出来的时候，即便是没有真的如愿以偿，你也会因为说出了心里话而感到舒畅开心不少，也完全不会像你想象的那样带来多大麻烦。

总的来说，你大脑的模拟功能会把你的注意力从此刻抽离出来，让你去追逐那些并不是那么美好的胡萝卜，忽视更加重要的奖励（比如满足感和内在安宁）。这些模拟产生的小电影充满先入为主的种种限制，不但会加强痛苦的情感，还会让你躲避那些根本就不存在的小树枝。这些小树枝要么不会真的出现在你前进的道路上，要么即便出现也不会那么恐怖、糟糕。

理解痛苦，你才会更好地冥想

每个人的痛苦一点点，大家的痛苦就变成一大堆。同情是人们面对他人痛苦的一种自然反应，同情别人会获得快乐，人人相互同情则人人快乐。

自我同情并非自怜，而是一种简简单单的对自己的热情、关心和祝福，这和对其他人的同情是一样的。实际上，它在减轻困难局面所带来的冲击时更强大有效，保留自我价值、构建适应能力同样如此。它还会帮助你敞开心扉。想想看，如果你对自己的痛苦都视而不见，那对于其他人的痛苦显然就更难以接受了。

为了变得更幸福、更睿智、更富有爱心，有时你必须在你神经系统的古老洪流中逆流而上。在某些情况下，必须依赖修行的三大精神支柱对我们出于本能而产生的自发行为进行调整。比如，用道德去限制那些在非洲塞伦盖蒂荒原上的原始情感反应，用静观去降低对外界的警戒程度，用智慧去消除那些前进道路上的困难。

这些与我们进化而来的生理、心理系统背道而驰的行为，可以驱除那些不必要的痛苦，让我们见微知著，随遇而安，不以物喜，不以己悲。

当然，并不是说这样就能全然抛弃痛苦的感觉，而是说要理解我们之所以痛苦的根本原因，这样才能更好地进行冥想训练。

大脑最重要的子系统——神经元

■ 神经系统的最小基础结构单元就是神经元。它们的首要功能就是通过连接它们的小小神经末梢来互相沟通信息。神经元的分类很多，但不同类别的神经元其实在结构上大同小异。

■ 一个典型的神经元每秒钟会启动5～50次。在你阅读这段文字的时间里，将会有千万亿的神经信号在你大脑里遨游。

■ 神经元的细胞主体上有很多尖锐突起，被称为神经元树突，专门用来接收其他神经元发来的神经传递介质。（也有一些神经元会通过生物电信号直接相互联系。）

■ 简单来说，神经元就是依靠神经元树突上接收到的以毫秒单位计量的启动或终止信号，经过排列组合后决定是否启动。

■ 从理论上来说，1000亿个神经元，每个神经元启动与否，可以有10的100万次方种排列组合；（这是什么概念？就是一个"1"，后面接100万个"0"啊！！！）这个数字就是大脑所能处于的状态总数。为了让这个数字变得更容易理解，我们可以作一个对比：宇宙中所有的原子数量，按照科学预测大概也"仅仅"只有10的80次方而已。

■ 神经元启动后，会产生一个电化学波动并传导至由纤维构成的轴突。这个轴突则会释放神经传导介质给神经末梢，神经末梢再把这个信号传递给与它相连的神经元，或启动或抑制它们。

■ 轴突外面包裹着一层脂肪类物质，我们称之为髓鞘，它会加速神经信号的传导。

■ 所谓脑灰质，大部分是由神经元的细胞主体构成的。至于脑白质，则是由轴突和神经胶质细胞构成。神经胶质细胞具有代谢支持功能，比如用髓鞘包裹轴突以及回收神经传递介质等。神经元细胞在你的大脑里有1000亿个，好像1000亿个电源开关，而连接它们的轴突则像是电线，它们在你的大脑里组成了一个错综复杂的系统。

第三章

数呼吸冥想法·掌握"慢生活"诀窍

数呼吸冥想法

你是否总是行色匆匆，痛恨拥堵的交通、缓慢行走的路人？

你是否在疲惫不堪时，也强迫自己打起精神、集中精力，去完成一个目标、下一个目标、再下一个目标？

你是否在双休日也满脑子工作，想要放松，又自认每一种放松都是在浪费时间？

快节奏的生活状态，上紧了我们背后隐形的发条，紧张、压力、慌乱随之而来。你不知道自己该干什么，好像有许多的任务要去完成，却又不知是什么、该如何下手，甚至一时的休息反而让你产生负罪感。

但是，生活需要慢节奏来调适，至少在十分紧张的外界环境下在心里为自己留有一个独立的空间。在这个空间里，一切都是缓慢发生的，稳定、安全、平静，让你从忙乱中抽身，休息一下，压力和疲惫得以释放，能量得到补充。

试着按下面步骤练习"数呼吸冥想法"。

1. 做个深呼吸，让自己放松下来，眼睛可以睁开，也可以闭着。

2. 仔细倾听周遭各种声音，不要带着欢喜或者讨厌的心情，就是简简单单仔细地倾听。告诉你自己你在冥想，要暂时把其他所有让你牵挂的事情都抛开，就好像把一袋乱七八糟的东西一扔，然后一屁股坐进舒服的沙发里一样。

3. 始终把注意力集中在你的呼吸上，从每一次呼吸的开始到结束。不要试图控制自己的呼吸，让呼吸自然而然地就好。感受一下凉爽的空气吸进来，温热的空气呼出去，胸部和腹部随之起伏。

4. 在呼吸的同时轻轻地数自己呼吸的次数，数到10即可，然后再从1开始重新数。如果数到一半走神了，想不起来数到几了，也重新从1开始数。

如果觉得这样难度有点大，可以先随着呼吸对自己默念"吸气"、"呼气"，等习惯后再默默数数。

在这个过程中，走神很正常，一旦发现自己走神了，就重新把注意力集中在呼吸上。对自己温柔点、好一点，看看自己能不能坚持一口气数到10。在通常情况下，这是第一个挑战。

5. 完全沉浸在呼吸中，当意识完全安顿下来后，你可以再深入体会呼吸的各种感觉，也可以去感受其他事物。打开你的心门，把呼吸所带来的各种愉悦感觉照单全收，然后再用这些感觉去加强呼吸带来的快感。锻炼次数多了之后，可以再试试数呼吸的次数，看看能否一次数到几十。

6. 把呼吸看做一个锚，使那些在你意识中飘来飘去的各种想法和感觉定位。把注意力集中在这些想法和感觉上，不管它们是愿望还是计划，是图景还是记忆，只要飘过来就随它飘过来。但注意，不要让你的意识陷在其中。如果这些想法和感觉不好，不要去对抗；感觉好，也不要神魂颠倒。对流经你意识空间的种种，要保持一种接受，甚至是友好的态度。这有点像之前练习的"定"的冥想法。

7. 时刻保持着对呼吸的关注，这样你会感到一种平静感在逐渐增加。慢慢体会那些流过你意识空间的种种，体会它们发生的各种变化。仔细体会在你的意识空间遭遇它们和离开它们时的感觉。认真体会你的宁静，体会那种不急不缓的慢节奏。

当我们爱护的人受到威胁时，我们会感到紧张；当他们受到伤害时，我们会感到悲痛。同时，我们对自己在家庭、团体中的地位以及在他人心目中的位置都非常敏感，当我们被拒绝或被蔑视时，就会感到受伤。

　　这一切都是因为人类祖先在进化的过程中，在子女身上以及其他家庭、团体成员身上的感情投入不断增大，驱使他们保护这些人，以保证自己的基因经由这些传递者延续下去。

　　紧张、悲痛这样的精神不适和某些生理性的不适一样不可避免，这类不适是重要的信号，提示人们必须立刻采取行动保护自身生命的安全和大脑意识的完整。就像当你的手碰到火热的炉子时，烫伤带来的剧痛会立刻让你把手弹开一样。

　　这种无法避免的生理不适及精神不适，可以被称为生存的"第一类标枪"。只要我们还活着，还能去爱，那么在我们前进的路上就会不断遭遇这类标枪的追踪和袭击。

你的欲望，总让自己受伤

这些不可避免的疼痛和无助，毫无疑问让人感到非常不愉快，当我们对此作出反应时，又引发了真正带来痛苦的愤怒、失落和悲伤。

想象一下，假如你在夜晚走进一个漆黑的房间里，脚趾被椅子撞了一下。于是，在你感受到第一类标枪——脚趾传来的疼痛感觉之后，你的愤怒立刻就引发了第二类标枪的射杀："谁把这破椅子挪到这里的？"然后，当你怀着伤痛，期望得到关爱的时候，你爱的那个人却给了你冷遇。这时你会感到胸闷（第一类标枪），感觉自己像一个孩子一样被人忽视了，感觉自己根本不被别人需要，十分不满（第二类标枪）。

事实上，大多数痛苦其实都是来自这些第二类标枪。

对你而言，第二类标枪经常会通过关联的神经网络触发更多的第二类标枪：对挪动椅子的人的愤怒消退后，你可能会感到羞愧；你爱的人没有关注你，则可能让你感到悲伤。

对你周围的人而言，第二类标枪会产生恶性循环：你被第二类标枪扎伤后的反应，可能引发其他人的反应，并让他们受到来自于你的第二类标枪的伤害，甚至再把这种反应沿着他们的社会关系传递给更多人。

不可思议的是，很多时候我们发出的第二类标枪，实际上根本

环境本身不是痛苦，是我们自己加上去的。

没有任何第一类标枪存在就自己触发了。我们面对的环境本身可能根本没有给我们带来任何疼痛，是我们自己把痛苦加了进去。比如，有时当我下班回到家，家里一团糟，孩子们把东西扔得到处都是。这就是我前面所说的那种环境。这个时候，沙发上的衣服、鞋子向我扔出了第一类标枪吗？柜子上乱七八糟的东西向我扔出了第一类标枪吗？没有，都没有，没有任何人冒犯我，也没有任何人伤害我的孩子。这时，我有必要心烦意乱吗？当然没那么大必要，我完全可以一笑了之，静静地把东西捡起来收拾好，或者和孩子们谈一谈，让他们自己收拾一下。有的时候我的确是这样处理的，有的时候却不是。不是这样的时候，第二类标枪就带着"贪、嗔、痴"三毒飞了过来：贪，让我强烈地希望事物按照自己预想的形式存在和发展变化；嗔，让我忧心忡忡、愤怒异常；痴，诱导我把这种事处理得对人不对事。

最让人郁闷的是，完全积极乐观的事物有时也会向你扔出第二类标枪。比如，如果有人称赞你，那么这就是一个完全积极乐观的事，但这个时候你可能会紧张不安，甚至有一点点羞愧，你可能会想：哎呀，我根本就没这么好，没这么优秀，搞不好以后他们会觉得自己被骗了。此时此地，毫无必要的第二类标枪带着痛苦向你扎来。

了解痛苦的生理基础，过上"慢生活"

....

偶尔的不愉快对你影响不大，因此而心烦意乱就没必要了。当理解了痛苦的生理基础后，你就会很容易将这些烦心事用大脑冥想的方法一一挡回去，化解自己的痛苦。

....

痛苦并不是一个抽象的概念，它十分具象：你能感觉它在你体内，对你的身体系统产生着各类影响。痛苦是通过交感神经系统（SNS）和内分泌（荷尔蒙）系统的下丘脑-垂体-性腺轴（HPAA）贯穿你的整个身体的。下面让我们把这句乱七八糟的术语解析一下，看看具体的工作流程是怎么回事。交感神经系统和下丘脑-垂体-性腺轴系统在实际运作的时候是完全纠缠在一起的，所以在这里我们把它们看做一个整体。

当你受到消极影响时，大脑就会警钟长鸣

大脑收到报警信号，立刻就会将消极情绪的可能结果反馈回去，进行判断，进而做出反应。

先复习一下我们前面讲的，大脑是带有偏见的，对消极悲观情绪情有独钟。当你被别人拒绝时，是不是像牙疼一样难以忍受？如同生理疼痛一样，社交环境和情绪所带来的疼痛，基于同样的神经回路结构，同样能使神经结构沸腾。

什么事发生了？可能是被同事羞辱了，被经理批评了，一个忧心忡忡的想法冒了出来，甚至仅仅是预想一些具有挑战性的事情，比如下周举行一场有难度的演说。它们所带来的冲击和威胁感，与实际体验这件事差不多。不管威胁的来源是什么，杏仁核都会发出警报，引发下面几个反应。

- 丘脑——你头部正中的中继站——会向你的脑干发出一个信号："快清醒过来吧！"脑干紧接着会释放去甲肾上腺素，激活整个大脑。
- 交感神经系统会向你身体里的主要器官和肌肉群发出信号，让它们做好或战或逃的准备。
- 下丘脑——大脑的首席荷尔蒙系统调节器官——会激活脑垂体，并向肾上腺发出信号，让它们释放"压力荷尔蒙"肾上腺素和皮质醇。

行动一触即发，并不在你的控制下

警报响起时，你就像在开一辆高速行驶的改装车，速度越快，你对整辆车的控制力就越弱。

警报发出一两秒之内，你的大脑就会立刻处于红色警戒状态，交感神经会像棵圣诞树一样闪闪发亮，压力荷尔蒙冲刷着你的血液。换句话说，你至少会有点心烦意乱。那么接下来在你的身体里会发生什么呢？

肾上腺素会让你的心跳加快（这样心脏能够传送更多的血液）、瞳孔扩张（这样眼睛就能看到更多光线）。去甲肾上腺素则会让血液输送至大型肌肉群。同时，你肺部的支气管也会膨胀，以便吸入更多的氧气——这样，在战斗中，你就会打得更狠、逃得更快。

皮质醇会抑制你的免疫系统，减少伤口发炎的程度。它还会通过两种不同的神经回路反复强化你的紧张反应。

第一，它会通过脑干进一步提高杏仁核的活性，杏仁核又会提升交感神经/下丘脑-垂体-性腺轴（SNS/HPAA）系统的活性，从而分泌更多的皮质醇。

第二，皮质醇会抑制海马体的活性（海马体通常能够抑制杏仁核），这就相当于把杏仁核的刹车器给卸掉了，显然会导致更多的皮质醇分泌。

被唤起的交感神经/下丘脑-垂体-性腺轴系统会进一步激活杏仁核，让这个大脑硬件能够全力以赴，对消极悲观的信息做出快速反应。此时，你的情绪也会强化你的大脑，动员和协调整个大脑的各种资源，时刻准备行动。至此，紧张的感觉已经让你彻底做好准备，随时可以惊恐万状（马上逃跑），或者愤怒异常（立刻战斗）。

此刻，你就像在开一辆高速行驶的改装车，速度越快，你对整辆车的控制力就越弱。不仅如此，在判断评估他人的意图时，你会倾向于消极悲观的评价。这种区别在我们生活中非常常见，同样的事情，你在心烦意乱时思考和你平静下来思考，结果肯定完全不同。

做5个深呼吸，再次体验冥想的巅峰状态

冥想就是充分利用好油门（交感神经）和刹车（副交感神经），这是拥有长久快乐、幸福生活的最恰当处方。

试着做五个深呼吸，吸气呼气都比平时深一些，要用缓慢的节奏反复进行。

做完以后，体验一下自己现在的感觉。是不是觉得身心得到了激励，疲惫感被放松感取代？其实，你现在这种生机勃勃而又能量集中的感觉，恰恰是很多运动员、生意人、艺术家、情侣或冥想者处于巅峰状态时的特征。

当你深呼吸时，会先激活交感神经，然后激活副交感神经。上述这些积极乐观的感觉，就是这对油门和刹车亲密合作的结果。

副交感神经和交感神经是手牵着手一起进化的，它们能够保护动

物（包括我们人类自己）在险恶的环境里生存下去。这两者都是我们需要的，就像刹车和油门对一辆汽车而言一样不可或缺。

当体验了这一切后，你就很明确地知道怎么来调整神经结构，下面这几个例子可以帮助你更好地理解上述内容。

- 保持副交感神经处于激活状态，以确保安宁和平和。
- 温和地激活交感神经，拥有热情、活力和健康的激情。
- 偶尔让交感神经雄起一把，以应付要求比较高的局面，比如得到了新的工作机会，或者接到了孩子的电话，去一个乱了套的聚会上接他/她回家。

了解痛苦的4个阶段，让生活慢下来

利用微小的瞬间持续改变自己，就能躲开飞来的烦恼，痛苦迟早会被幸福、爱和智慧所取代。

如前所述，生理疼痛是不可避免的，但痛苦的感觉可以避免。如果你能稳定地保持你当下的状态，不论你意识到发生了什么——不管是第一类标枪飞过来还是第二类标枪飞过来——都完全不理不睬，那你就可以身心安宁。

经过长时间的训练，你可以改变面对标枪时的反应，增加你的积极乐观，减少你的消极悲观。与此同时，你可以在安宁中休憩。

当然，你在训练的过程中会反复遇到下面四个阶段：

- 第一阶段——不知道自己不行。在你完全没有意识到的情况下，就发生了第二类标枪反应：你爱人忘了买牛奶回来，你生气地抱怨了几句，完全没有意识到自己的反应过了头。

- 第二阶段——知道自己不行。你已经意识到自己被（广义的）"贪"和"嗔"给劫持了，但控制不了自己：内心挣扎，明知道不对，但还是忍不住嘟囔牛奶的事。

- 第三阶段——知道自己行。情绪还是有的，但你能控制住不爆发出来：你感到急躁，同时提醒自己，你爱人已经为你做得够多了，发脾气只会让事情更糟。

- 第四阶段——不知道自己行。完全没有任何情绪，有的时候你甚至根本就忘了有这档子事：你知道现在家里没牛奶，但你只是平静地向爱人指出现在该怎么做而已。

　　这是四个阶段，能让你清楚知道在对待某项具体事物时自己究竟处在什么位置。这里，第二阶段通常是最艰难的，我们常常在这个阶段心灰意冷地想要放弃。所以，坚持把第三阶段和第四阶段作为目标以减轻痛苦是非常重要的，只要持之以恒，你肯定会达到这种状态。

　　清理旧的神经结构，构建新的神经结构，这需要努力，也需要时间。我称之为积少成多定律：尽管总会有那些瞬间，贪、嗔、痴会在你的意识和大脑深处闪现，但只要持续锻炼，贪、嗔、痴这"三毒"以及它们带来的痛苦就总会被幸福、爱和智慧所取代。

　　我们现在已经神游万里，领略了痛苦的进化源头和神经基础。现在，在这本书的剩余部分里，让我们来看看如何具体化解它。

大脑常识课NO.3

大脑的进化史

■ 生命诞生于大约35亿年之前。6.5亿年前，多细胞生物首先出现。（当你得了感冒的时候，要记住让你感冒的微生物几乎比你领先了30亿年！）到了大约6亿年前水母开始出现的时候，动物已经发展进化得非常复杂了，其感知系统和运动系统开始需要互相沟通，这就导致了神经组织的出现。随着动物的进化，它们的神经系统也同时进化，慢慢就发展出了类似大脑结构的神经集合体。

■ 所谓进化，其实就是对已存在的能力进行强化。按照保罗·麦克莱恩的说法，生物进化的整个历程都会在大脑里留下印记。依照进化的先后次序，大脑可以分为爬行动物区、史前哺乳动物区和新哺乳动物区。顾名思义，这些区域名称对应我们的动物祖先进化出这个大脑区域时所处的动物类型。

■ 相对来说，最外面的大脑皮层是在进化的晚期才出现的，要更复杂、更精巧一些，反应速度则较慢，对于各类神经信号都有缓解和抑制作用。它的下面是大脑皮层下区域和脑干，这些组织要古老得多，结构相对简单，没那么精巧，但是反应迅速，对于各类神经信号都有加强作用。（大脑皮层下区域坐落在你大脑的中心位置，最外面是大脑皮层，下面则是脑干。脑干实际上就是爬行动物区。）你每天在生活中的各种活动、各类反应，其实都是由你大脑里的蜥蜴-松鼠-猴子大脑的综合体——也就是爬行动物、史前哺乳动物和新哺乳动物大脑的综合体——来一级一级地做出决定并进行指挥的。

■ 毫无疑问，大脑皮层作为大脑里最先进的部分，对大脑的其他部分有着巨大的影响力。可以说它是由进化的压力所塑造的，在进化的过程中，逐渐赋予了我们抚养、教育、沟通、协作和爱的能力。

■ 大脑皮层可以分成左右两个半球，它们之间由胼胝体互相连接。基于整个进化过程，（绝大多数人）大脑左半球都专注于推理和语言过程，右半球则专精于整体把握能力和形象思维能力；当然，你大脑的两半部分之间是紧密协作的。很多神经结构都会两边对等，一边一个。但是比较古老一点的神经结构——也就是在进化过程中出现得较早的那部分，结构上就呈单一化（典型的就是海马体）。

第四章

甜蜜冥想法·批量生产快乐

甜蜜冥想法

你是否常常不由自主地感到失落、难过？

你是否努力想要摆脱负面情绪，却仍然深陷其中？

你是否感受到身边那些美好的事物，却仍改变不了你的坏心情？

当你总是不由自主地感到悲伤、难过，经常否定自己的未来、怀疑自己的能力，消极得失去行动能力时，你就该意识到你急需改变！

当一个消极悲观的情绪或事件袭击了你，在通常情况下你会陷入越来越多的负面情绪中难以自拔。此时，拿出以往的积极快乐情绪，让积极快乐中和消极悲观，就可以切断消极悲观的锁链，将你从泥潭中拯救出来。

下面，让我们开始尝试发现快乐、摆脱悲观的甜蜜冥想法。

试着按下面步骤练习"甜蜜冥想法"。

1. 安静下来，试着从日常生活中寻找好消息，特别要关注那些微小的事物，比如看看孩子们的脸庞，闻闻橘子的味道，回忆一段假期的美好记忆，看看工作中取得的一个小进展等。

你可以想象一朵花，每片花瓣都在热情绽放，花蕊微微颤动，感受它的美丽与惬意。

2. 不论找到什么样积极乐观的事，现在闭上眼，努力去关注它、回味它，向它敞开你的心灵，让它感染你。

3. 尽量长时间保持这种沉浸于积极乐观的状态，5秒钟、10秒钟、20秒钟，一点一点延长时间，不要让你的注意力转移到其他事物上去。

品味的时间持续得越长，对你情绪的改造作用就越大，主导你愉快情绪的神经启动得就越多，产生的积极乐观型神经联结结构就越多，最后这段愉快的经历在你记忆中留下的痕迹也就越不可磨灭。

4. 让愉快的感觉充满你的全身，并尽可能地强烈。比如，如果你知道某个人对你好，那就让这种被他/她关怀的温暖感觉充满你的整个胸膛吧。或者仔细体验一下被你爱的人拥抱是多么的美妙。

5. 你还可以通过有意识地对某段经历进行加工，从而让它的感觉更加强烈。比如，如果你正在品味一段人际关系，你可以同时联想一下当你被另外一个人爱的感觉，这会加强催产素（增加亲密关系的荷尔蒙）的分泌，从而让你加深这种互相联系在一起的感觉。或者在完成一个时限非常紧迫的项目后，通过回想你这一路来克服的各种困难来加强最终成功后的满足感。

6. 你可以想象或者体会，这种愉快经历带来的感觉深入你的意识和肉体深处，就好像阳光照着T恤衫，水渗进海绵，或者像一件珍宝放进你心里的宝贝箱子里一样。努力放松你的身体，吸收这些愉快体验带来的情绪、感觉和想法。

7. 现在，你已经将这些美妙的经历体验转化为内在动力，以后不必再向外在世界索求，越来越乐观，越来越快乐，对生活充满更多的甜蜜憧憬和希望。

你的身体其实是靠你所吃的食物构建起来的，你的精神也一样，是靠你过往的经历构建起来的。经历的洪流逐渐雕琢着你的大脑，从而塑造着你的意识。

这些经历，有些我们能够清晰地回忆起来：我去年夏天干了这个，那就是我爱上某人的感觉……但是大部分塑造意识的记忆都永远潜藏在你的无意识当中，我们称之为内隐记忆。

你的预期、人际关系模式、情感倾向以及生活观念，都属于内隐记忆。

内隐记忆建立了你意识深处的内在景致，也就是你有什么样的感觉。内隐记忆源自你平时的生活，是一点一滴积累起来的。

从某种意义上说，这些点滴经历可以分为两类：一类是给你和其他人好处的，一类是造成伤害的。套用佛教八正道里"正精进"（即正确的努力，修善断恶）的说法，你应该创造、呵护和增加那些积极乐观的内隐记忆，并阻挡、消灭和减少那些消极悲观的内隐记忆。

对着镜子宣誓：和一切不愉快战斗到底！

不需要完全消灭你的悲观消极，但放任它在体内流窜是最错误的做法，你要做的是引导它，让它成为俘虏，为你做事。

你的大脑倾向于检索、登记、存储、回忆和反应那些不愉快的经历。就像我们前面说的那样，消极悲观经历形成的记忆就像尼龙搭扣一样方便，积极乐观的经历则像特氟龙不粘锅一样难搞。

因此，即便积极乐观的经验远比消极悲观的经验多，消极悲观的经历和经验产生的内隐记忆还是会很自然地快速增长。这样你对外界环境的大感觉就会完全无由来地变得阴郁和悲观了。

当然，消极悲观的经历有时候还是有好处的：损失会敞开你的心灵，懊悔能指引你正确的道德方向，焦虑让你对威胁产生警惕，愤怒会驱使你去纠正错误。但是你真的觉得自己消极悲观的经历太少吗？情感上的痛苦如果不能给你自己或者别人带来好处，那就是完全没有意义的痛苦了，而且今天的痛苦会酝酿明天更大的痛苦。

补救方案并不是去有意识地抑制消极悲观的经验，消极悲观经验产生了，那就是产生了。你要做的是让这些消极悲观的经验去孕育积极乐观的经验。特别重要的是要把积极乐观的经验保存起来，成为你永久的一部分。

治愈痛苦，拔掉悲观蒲公英

积极乐观的经历和体验可以用来抚慰、平衡消极悲观的经历和体验，甚至可以取代消极悲观的经历和体验。这就相当于在你的心灵花园里拔掉了杂草，种上了鲜花。

当两件事同时出现在你的意识里时，你的大脑就会把这两件事联系在一起。这就是为什么当你把自己的难题说给那些给予你支持的人时，你的消极情绪会有所缓解：痛苦的感觉和记忆被朋友带来的安慰、鼓励和亲密感稀释掉了。

一遍一遍回忆美好，日积月累，你就变得美好！

每当你把积极乐观的情绪渗入那些痛苦的记忆中时，你都在一点一滴改造着你自己的神经结构。

你可以试着回想近期的某个记忆片段，看看你到底能回忆起多少具体细节。我可以肯定，你只能回忆起一些主要的、特征的内容，大量的细节你是根本回忆不起来的。因为无论是内隐记忆还是外显记忆，当它产生的时候，只有关键性的特征才被记录下来，具体的细节并没有被记录。如果不这样的话，你的大脑根本就不可能记这么多的东西，早就被塞得满满的，什么新东西都学不了。

同样，当你回想某段记忆的时候，大脑也并非像电脑从硬盘里读取所有原始数据（包括文件、图片、歌曲等）那样，而是用存储的关键特征重新构建内隐记忆和外显记忆，再用大脑的模拟能力去查漏补缺，最终重现你的记忆。并且因为你的大脑运行速度很快，你根本就察觉不出这些记忆其实是被重新构建的。

另外，情感可以影响记忆产生的神经机制。这种神经元结构的重建过程给了你一个机会，你可以利用神经元结构重新联结的机理，逐渐调整你大脑的微小联结回路，来改变内在情感的基调。当某段记忆被激活的时候，神经元和神经末梢会立刻大范围地形成某种模式的神经联结结构。在这个时候，如果你同时想到了其他的事情，尤其是那些让你感到特别开心或者特别不开心的，你大脑里面的杏仁核和海马体就会把你的这种情感体验和这种神经联结模式自动绑在一起。然后，当你不再想这段记忆的时候，这段记忆就会和这种情感体验一起被重新存储起来。

下一次，当这段记忆被重新回想起来的时候，你的大脑会倾向于把这段记忆和这种情感体验一起提取出来。因此，如果我们带着消极悲观的感觉回忆某段记忆，反复多次之后，这段记忆给你的感觉也会变得消极悲观。比如，回忆过去某个失败的经历时，总是带着强烈的自责，时间长了这段失败经历就会变得特别可怕。与之相反，如果总是带着积极乐观的情绪激活某段记忆，乐观健康的情绪就会慢慢地被编织进这些记忆当中。

每当你试着把积极乐观的情绪渗入那些痛苦的记忆中时，你就在一点一滴地改造着你自己的神经结构。经年累月，不断积累的积极乐观记忆就会真真切切地、一个神经末梢接着一个神经末梢地改造你的大脑。

拔掉悲观蒲公英，栽上乐观花朵

大多数时候，你只需要不到一分钟甚至几秒钟的时间就可以吸收美好了。而且这是一种隐秘的个体行为，别人根本察觉不到。

我小的时候经常在我家前院拔蒲公英，如果不把它们连根拔掉，过一阵子它们总会重新长出来。烦心事和这是一样的。

为了逐渐用积极乐观的记忆取代消极悲观的，我们需要把积极乐观的人生经验置于意识的醒目位置，把消极悲观的东西覆盖并隐藏起来。你可以想象，把那些积极乐观的记忆沉入你意识深处，抚慰那些过往的伤痛，填补你心灵的空虚，就像用药酒反复搓擦淤伤一样，慢慢地用积极乐观的感觉和信念取代那些负面悲观的感觉和信念。

那些你要对付的消极悲观体验，有可能是成年以后的经历，甚至是当下的经历，但在通常情况下，是那些童年的记忆。这些记忆往往才是让你经常心烦意乱的根源。人有的时候会因为摆脱不了以往经历对自己的消极影响而大发雷霆。但是记住：大脑是会随着经验发生变化的，特别是那些消极悲观的经历体验。我们的大脑会向经验学习，特别是向那些童年时期的经验学习。学到的内容不管是积极的还是消极的，将很自然地跟随我们一辈子。

所以，当你被消极悲观的情绪困扰时，不妨深入自己的记忆深处，回想一下那些最久远的记忆。想一想自己小时候，第一次体验到这种情绪是因为什么事，这才是让你烦心的根源。这不难，稍微练习一下，只要你对自己足够了解，很快你就可以列出一份"嫌疑犯"清单，用这份清单找出生活中让你心烦意乱的各种情绪的最初源头吧。每当你感到被刺激了、焦虑了、受伤害了或者被不公平对待了，都可以想一想这个清单，看看自己的情绪源头是什么。

这些深层次的情感源头包括很多，比如，在学校不受欢迎而感到不被人需要，离婚后变得不敢信任关系亲密的人等。只要你能抓住这些情绪的根源，你就可以通过前面所讲的吸收美好的方法，用积极乐观的情绪把这些消极悲观情绪逐渐覆盖起来。这样，你就在你意识的花园里拔掉了杂草，栽上了鲜花。

痛苦的经历通常需要刚好与之相对应的乐观情绪来治愈。比如，如果你小时候常常感到自己很弱小，缺乏自信心，那么现在你就可以用自己作为一个成年人所拥有的强健体魄来驱散童年时期这种软弱而不自信的感觉。再比如，如果你被人甩了，悲从中来不可抑制，那就回想一下以前被另一个人爱的时候是什么感觉吧。让自己全身心地沉浸在这种感觉中，对医治失恋的痛苦非常有效。有时候为了加强这种治疗的功效，我们可以对自己说一些鼓励的话，比如，"我已经挺过这一切了，我还站在这儿，有很多人都爱我。"这样做，可能并不会让你忘记已经发生过的事，但是能把这些事带给你的消极悲观情绪逐渐消减到最小。

另一个关键是不要去抵抗痛苦的经验，也不要去使劲抓住愉快的经验，这其实同样也是一种"集"，是会带来痛苦的。窍门是找到一个平衡，让你能够保持自己的开放心态，保持对那些困难经历的好奇心，与此同时吸收那些美好的感觉和想法。

简而言之，就是用下面两种方法把积极乐观渗入消极悲观里。

- 当你今天有了一个积极乐观的经历时，把它渗入过去的伤痛中去。
- 当悲观消极的情绪来袭的时候，回想那些积极乐观的情绪和看法，把消极悲观的情绪中和掉。

使用上述这两个方法的时候，不管情况如何，你最好都尽可能在几个小时之后再回味一次。有证据表明，消极悲观的记忆，不管是内隐记忆还是外显记忆，在被回想起来的时候，是最容易被改变的。因此在吸收美好经验几小时之后，再把这段经验回想起来重新吸收一次，效果是最好的。

如果你行有余力，还可以更进一步：小小地冒个险，去做一些你一方面觉得完全没问题，另一方面又担心做了会有不好结果的事。比如，跟着感觉走一把，直接求爱，或者提出合理升职要求等。如果结果理想——大多数情况下结果都会很理想，那你就可以把这种成功经历吸收进来，缓慢切实地取代那些过往的失败经验。

大多数时候，你只需要不到一分钟甚至几秒钟的时间，就可以吸收美好了。而且这是一种隐秘的个体行为，别人根本察觉不到。经年累月下来，你完全可以用这种方法悄悄地为你的大脑构建一个新的积极乐观的神经结构。

积极主动，像海绵那样吸收快乐

学会吸收美好，并不意味着你要对生活中的每件事都展现闪亮的笑脸，更不意味着你必须在艰难困苦面前落荒而逃。它会滋养幸福感、满足感和内在安宁，给你一个心灵庇护所，让你随时来去、自由自在。

大脑是带着消极悲观的偏见的，所以要想接受积极乐观的人生经验，驱散消极悲观的阴霾，我们必须积极主动地付出努力。当你朝着积极乐观的方向前进时，你实际上是在纠正不平衡的神经结构。你现在是在赋予自己关爱和鼓励，而这些本来是你在儿童时期就应该得到的。当然，你现在再去争取，要达到完满的状态会有些艰难。

每天都集中注意力回想那些积极健康的事物，然后自然而然地接受它、吸收它，增加你意识当中积极乐观的情绪流动。长期吸收这些积极乐观的情感体验，可以带来很多好处，比如，能够让你的免疫系统更加强大，让你的心血管系统对于紧张和压力不再那么敏感，还能提升你的情绪，增加你的乐观程度，帮助你对抗痛苦经历，甚至加快外伤的恢复速度。这是个良性循环，今天的美好感觉，会增加明天获得美好感觉的可能。

这对孩子来说也一样有好处。特别是对那些活跃型或者焦虑型的孩子，有意识地吸收美好的人生体验特别关键。

回想那些积极乐观的情绪和看法，把消极悲观中和掉。

　　活跃型的孩子，往往会在美好的感觉还没有在大脑中固化之前就转移了注意力，而焦虑型的孩子则倾向于忽视好消息，或者至少是对好消息不予重视。还有些孩子既是活跃型的，也是焦虑型的。不管孩子是什么类型的，如果孩子是你生命的一部分，被你视若珍宝，那么最好每天都选一个时间鼓励他们去回想一下让他们感觉美好的事物——比如一只宠物、父母的爱，或者足球比赛里的一个进球，并想一想这个事物为什么会给他们这样的感觉。这个时间可以是每天睡前，也可以是放学前的最后一分钟，或者是其他任何时间，用这些积极乐观的感觉和想法去浸润他们。

从修行的角度讲，吸收美好可以强化你特定的意识状态，比如仁慈和内在安宁，从而让你能够随时达到这种状态。这条路有的时候是一条上山的崎岖小路，只有吸收美好所带来的奖励，才能持续前行。努力带来的丰厚收获能增强你的信念，通过专注于积极乐观的情感滋养完整完美的内在心灵。而当你的心灵里满满的都是美好的时候，你就能够给予他人更多的美好，你就是一个美好的人。

大脑的进化升级

在进化过程中，一些动物包括人类祖先逐渐拥有了社交能力，并因此获得三个重要的生存优势，让拥有社交能力的动物在日常生活中获益匪浅。

脊椎动物：大脑的"运算需求"不同，使得动物的进化也不同

最早的史前哺乳动物大概出现在1.8亿年前，约3000万年之后，最初的鸟类也诞生了。（这些年份都是通过模糊不清的化石证据估计出来的。）哺乳动物、鸟类，和同时代的爬行动物以及鱼类面临的生存挑战其实都差不多——荒芜的自然环境以及饥饿的掠食动物，但哺乳动物和鸟类的大脑占体重的比例却明显要大得多，这是为什么呢？

原因很简单，爬行动物和鱼类通常不会照看它们的幼崽，甚至在某些情况下它们还可能吃掉自己的幼崽！它们通常也不会找伴侣一起生活。与之相对应，哺乳动物和鸟类会抚养它们的幼崽，而且在很多情况

下它们都会成双结对过日子，有时候还会相伴一生。

　　用进化论中神经科学的专业语言来讲就是，选择伴侣、分享食物和抚养幼崽要占用大量神经系统的运算资源，这给大脑带来了巨大的运算需求进化压力。所以哺乳动物和鸟类的神经系统就进化出了更多的神经运算能力。松鼠和麻雀必须比蜥蜴和鲨鱼更加聪明才行，因为松鼠和麻雀过日子需要计划、沟通、协作和谈判。这些技能对于人类夫妇而言同样至关重要，当他们有了孩子并还想在一起过日子的时候，尤其如此。

灵长类动物：越复杂的社会关系就会产生越复杂的大脑

　　动物大脑进化的第二个关键步伐是由灵长类动物迈出的。灵长类动物大约出现在8000万年前。按照灵长类动物的定义，这类动物最显著的特征是它们拥有极为优秀的社交能力。比如，猴和猿每天会把所有时间的1/6，花在为团体内部成员整理毛发上。有趣的是，对巴巴利猕猴的研究表明，为其他猴子整理毛发的猴子，与接受这种服务的猴子相比，能缓解更多的压力。（我曾经尝试用这套理论说服我妻子给我做更多的背部按摩，可惜她不信这一套。）在这个进化论节点上最关键的是，不论对于雄性还是雌性灵长类动物，社交技巧带来的社交领域的成功都会让它们繁育更多的后代，从而让这种技巧随着它们的基因传递给更多的个体。

实际上，社会性越强的灵长类动物，或者量化一下说，繁育团体越大、互相整理毛发的伙伴数量越多、社会等级关系越复杂的灵长类动物，大脑皮层占整个大脑的比例就越大。显然，越复杂的社会关系就需要越复杂的大脑。

不但如此，类人猿甚至还进化出了梭形细胞。类人猿是灵长类动物里最发达的动物科，包括黑猩猩、大猩猩、猩猩和人类。它们所拥有的梭形细胞是一种非同寻常的神经元细胞，可以支持高级社交能力。比如，类人猿会经常安慰团体中那些心烦意乱的个体，这种行为在其他灵长类动物中非常少见。和我们一样，黑猩猩会哭也会笑。

人脑里只有扣带皮层和脑岛含有梭形细胞，这些区域是负责自我感知和移情能力的。这种分布表明，这些大脑区域以及其功能在过去数百万年里经受了巨大的进化压力。换句话说，社会关系带来的好处帮助驱动了灵长类动物大脑的进化。

人类：人脑体积的扩大正是丰富情感的基础

大约260万年前，我们的原始人祖先开始制作石头工具。从那时起到现在，人类的大脑通过进化，体积扩充了3倍。实际上，大脑和相同体积的肌肉组织相比，代谢速度要快10倍。这种变化使得女性的身体结构也需要相应进化，以便让拥有超大大脑的胎儿可以顺利通过产道出生。在进化过程中，这种巨大的生理变化代价十分昂贵，因此相应地，必然是因为有某种巨大的好处，大大增加了我们祖先的生存机会，才使得这种进化成为可能。这种好处就是社会、情感、语言和抽象思维能力的巨大进步。比如，人类比其他猿类拥有更多的梭形细胞；这些梭形细胞构成了连接扣带皮层、脑岛和大脑其他区域的超级信息高速公路。因此，尽管一只成年黑猩猩在认知世界方面要比一个2岁的儿童做得更好，但在构建社会关系方面，儿童已经走在了它的前面。

第五章

强化内心冥想法·改变你的弱势

学冥想第5课

强化内心冥想法

你是否会对自己的能力、人际关系、行为准则等产生怀疑，自己不堪一击？

你是否经常在潜意识中否定自己，认定自己处于弱势地位？

你是否认为周围的人都瞧不起自己，自己的付出却没有获得应有的回报？

有很多种方法可以让你体验内心强大的感觉，并强化这种感觉。这并不是要你狂妄自大，而是在一些不利的情形下帮助你挺过来。让自己内心强大并没有什么错。

下面我们就介绍一个实用的冥想方法，学习的时候不要死学，要随心所欲，按照你自己的想法进行调整，最好眼睛保持睁开，因为生活中在你需要内心强大的时候，你的眼睛往往都是睁开的。

试着按下面步骤练习"强化内心冥想法"。

1. 深呼吸一下，把注意力集中在自己身上。关注每一个经过你意识空间的想法，不过没必要陷进去。无论来来去去的都是些什么想法，你要始终集中注意力去体验意识深处那种强大的感觉，要清清楚楚、绵长持久。

2. 感受你身体里的活力，体会每次呼吸所带来的强大感觉。感受你的肌肉，体验那种可以向任何方向移动的感觉、自由的感觉。体会你身体里那种动物性的强大感觉。（即便从某种程度上讲，这种动物性很弱也没关系。）

3. 回想以前那些你真的感到很强大的时候。想象自己现在身处一个变化非常剧烈的局面里，让以前那种强大的感觉重新回到你的身上。让你的呼吸带着力量，胳膊和腿充满能量。这种强大的力量现在随着你的心脏一起跳动。你感受到的一切都非常美好。然后继续向这种感觉敞开你自己，感觉自己强大、清晰而且充满决心。这时候如果你愿意，还可以再回想一些其他你感到自己强大的时刻。

4. 继续体验这种强大的感觉，同时集中意识回想某个始终支持你的人（或者支持你的一群人）。想象这个人的面容，想象他/她的声音，形象越真实、越丰满越好。感受那种被支持、被欣赏、被信任的感觉。体会这种被支持的感觉是如何增强你强大的感觉。体会这种强大的感觉有多美妙。让这种强大的感觉包围你。

如果你愿意，你可以再重复回想其他支持你的人。

5. 这时候如果有其他感觉冒出来也不要紧，哪怕是相反的感觉，比如虚弱，也不要紧。无论什么感觉都没问题，就让它在那里就好，看着它冒出来，看着它离开，然后再把注意力集中在强大的感觉上。

6. 沉浸在内心强大的感觉里，并想象自己正面对挑战，比如有人在背后中伤你，你得了严重的病。让那种内心强大的感觉固化在你的身体里，想象在这个困难的局面下四周空空荡荡。困难的局面无论演变成什么样，你内心都不为所动，始终保持内心强大和精神集中的状态。这种强大只是单纯的强大，并不是要你去抓住什么或者去和什么斗争。所有流经你意识空间的麻烦、困难都如同飘过天空的白云，始终保持这种空灵、放松和安逸的状态。

7. 仔细体会这种强大的感觉，想象它在你的呼吸里，你的意识里，你空灵的精神里，让它充满你的全身，充满在你美好的企图心中。

8. 在日常的生活中，你可以随时将注意力保持在这种强大的感觉上。体会这种强大的感觉多么美好，让你整个人都沉浸在这种内心强大的感觉中。

当你不顾一切地去抓那根胡萝卜，或者和那根弯曲的树枝拼命时，你要知道你其实反应过头了。在面对可能对我们造成伤害的事物或者诱人的机会时，谁都想要沉着冷静地处理，以避免伤害的发生，并顺利获得机会。问题是在大多数情况下，我们都像上面所说的反应有些过头。这时我们就会感到不由自主、慌乱、紧张、恼怒、焦虑或忧郁，总之肯定不会感到快乐、幸福。

先来复习一下，是你的交感神经系统和与压力相关的荷尔蒙系统"点了一把火"，让你产生扑出去追求机会、躲避威胁的冲动。现在，我们需要控制这团火焰，利用身体里调节火焰大小的阀门——副交感神经系统来完成这个任务。下面我们就从这个系统讲起。

7个方法，先从神经开始强大

要想改善身体的长期健康状态，不是从免疫系统入手，而是从副交感神经系统开始，让你被冥想的放松魔法包围，身心舒展。

除了免疫系统、副交感神经系统外，你身体里还有很多其他系统，包括内分泌（荷尔蒙）系统、心血管系统、消化系统等。如果你想要利用意识和身体之间的联系来减轻压力，改善一下你的健康状况，选择哪个系统作为切入点最好呢？毫无疑问，那就是自主神经系统（ANS）。

自主神经系统作为整个神经系统的一部分，和上述系统都有一定的联系，还能对这些系统进行调节。另一方面，你的意识对自主神经系统的直接影响力要比对其他系统大得多。副交感神经系统是自主神经系统的三个组成部分之一，当副交感神经系统启动后，你会变得冷静、安心，感觉就好像一股魔法波浪席卷了你的身体、大脑和意识，伤痛受到抚慰，身心舒展。

现在让我们看看怎样启动副交感神经系统。

跟着感觉走，让身体处于"离线"状态，自动放松

当你极度放松的时候，你是不是很难感觉到紧张或者心烦意乱？放松可以激活副交感神经系统的神经回路，并加强已经激活的部分，

同时减少长期压力对细胞的损伤。同时，放松还能让负责"或战或逃"的交感神经系统安静下来，这是因为肌肉的放松会向大脑的警报中心反馈一个安全信号，告诉它一切正常，没什么危险。

在特定的紧张环境下，有意识地放松自己非常有好处。另一种更有效的方法就是通过训练，让身体随时处于"离线"状态，从而自动放松。首先，我们来看看四个简单快速的小窍门。

- 放松舌头、眼睛和腮帮。
- 想象你身体里的紧张感，被一点一点地抽了出来，然后慢慢地沉入大地。
- 想象你的手放进了热水里，慢慢地、慢慢地……
- 一个地方一个地方去感受自己的身体，看看还有哪里是紧张的，哪里紧张就有意识地放松哪里。

接下来，利用下面介绍的两个方法，你就能轻易达到良好的放松状态。

1、膈式呼吸法

膈，指的是膈膜，在肺的下面，可以帮助你呼吸。有意识地指挥它进行呼吸，对降低焦虑特别有效。这个方法其实并不难，一两分钟你就能学会。

把你的手放在肚皮上，具体位置在你两侧倒"V"字形肋骨下5厘米处。向下看，然后正常呼吸，仔细感觉你手的位置。你应该能感觉到你的手贴着肚皮随呼吸一起一伏。

现在把你的手从肚皮上拿开，放到胸口上，然后呼吸。这个时候手也要随着呼吸起伏，当然，胸口是没法像肚皮那样起伏的，所以只是手在虚做动作。随着手的这个动作，想象是你的手在呼吸，吸进的空气进入你的手中，呼气的时候你又把它们从手里赶了出去。

这当然需要些练习体会，反复几次你就能抓住膈式呼吸法的要点了。这个时候运用膈式呼吸法就没必要再把手放在胸口了，即便在公共场合，你也可以随时运用膈式呼吸法放松自己。

2、渐进式放松法

如果你有3～10分钟的空闲，你就可以试试渐进式放松法。用这种方法你可以系统地、一个接一个地关注自己身体的不同部位，可以从头到脚逐渐放松，当然也可以反过来从脚到头。如果你时间紧张，为节省时间，你可以大块大块逐个放松自己的身体，比如先放松左腿，再放松右腿；如果时间充裕，就可以精细一点，一小块一小块放松，比如先放松左脚，再放松右脚，然后放松左脚踝，再放松右脚踝等。

用这种放松方法时，睁眼闭眼都无所谓，但是当你和别人一起学习这个方法时，睁着眼睛做可以让你放松得更加彻底。

具体做的时候，想让哪个地方放松，就把你的注意力集中在哪个地方。比如现在你就可以把你的注意力集中在你的左脚脚底，体会一下那里的各种感觉，然后轻轻地在大脑里对自己说"放松"。也可以在意识中给要放松的部位画一个点，或者画出一片区域。具体怎么做都可以，只要你觉得管用就行。

深呼吸

尽力吸一口气，能吸多少吸多少，憋住，停几秒钟，然后慢慢地呼出来，随着呼气的过程缓慢放松。吸气时，你的肺部会扩张；呼气时，肺会恢复原状。这个过程会激活你负责呼吸的副交感神经系统。

摸嘴唇

你嘴唇上的副交感神经纤维特别多，因此摸嘴唇能够有效激活你的副交感神经系统，这样就能保持身体内部的平衡。摸嘴唇还能给人抚慰的感觉，这是人吃东西，甚至是小时候喝母乳的时候，嘴唇上的副交感神经养成的习惯。

身体静观

关注你自己的各种生理感觉，这就是锻炼静观的方法。你可能已经学会了几种身体静观的方法（比如瑜伽，一种自身压力管理技巧）。"静观"的意思就是去完整地感知，不带任何评判观点，不带任何抵触情绪，完完全全感知。

副交感神经系统的主要功能是保持你身体内部的平衡，只要你集中注意力主动去感受身体内部的各种情况，就能启动副交感神经网络。（前提是此时你没有生病，不用担心自己的身体健康。）

比如，把你的意识集中在呼吸上，凉爽的空气吸进来，温热的气体呼出去，胸膛和小腹起起伏伏；或者把你的意识集中在走路上，集中在伸手拿东西上，甚至吞咽食物上；把你的意识哪怕集中在一次呼吸上，从开始到结束一直关注着；或者集中在上班途中的一小段路上，都可以效果显著地让你精神更加集中，更加冷静。

图景想象

在通常情况下，精神行为指的都是语言思维，但是大脑大部分结构其实都是用来进行非语言思维的，比如在意识领域里处理一幅图像就是这样。想象特定的图像，能够启动大脑的右半球，让喋喋不休、紧张不堪的语言思维中枢安静下来。

你可以专注于一个点，然后从这个点出发展开想象，让它扩展成一幅图画，这和放松一样，可以启动你的副交感神经系统。如果你有足够多的时间，可以长时间专注于图像，这时，这种方法就会像一个威力无穷的大铁锚，把你牢牢地固定在幸福感中。

在你工作的时候，如果感到紧张了，你可以花几秒钟想象一个宁静的山谷中有一片美丽的湖泊。然后，当你回到家有足够多的时间时，你可以想象一下你在这个湖边漫步的情形。为了加强效果，你还可以在这个想象的图景里加上松木的香气以及孩子们的欢笑声。

平衡你的心跳

在正常情况下，每次心跳之间的时间差都会有微小的不同，这称为心率变异性（HRV）。如果你的心脏每分钟跳60次，那么每两次心跳之间平均间隔1秒钟。但是你的心脏并不是个打拍子的机器，每次心跳之间的间隔总是在不停变化着：0.9秒，1秒，1.05秒，1.1秒，1.15秒，1.1秒，1.05秒，1秒，0.95秒，0.9秒，0.85秒，0.9秒，0.95秒，1秒……

心率变异性是由自主神经系统的活动造成的。比如，当你吸气的

紧张、烦躁，无法静心工作，你可以花几分钟用冥想改变这种状态。

时候（交感神经系统在活动），你的心脏会跳得稍微快一点；而当你呼气的时候（副交感神经系统在活动），心跳会变慢。压力、负面情绪以及衰老都会降低心率变异性，而心率变异性比较低的人，突发心脏病后就较难康复。

有研究表明，学习自主增大心率变异性和减轻压力、改善心血管健康状况、加强免疫系统、改善情绪都有明显的关系。

另外心率变异性也是副交感神经运作的重要指标，能够反映幸福感的程度。你可以试着对它进行调整。这方面的研究很多，里面总结出了很多有效的技巧，我们从中选取一个最简单易行的，只需要这样尝试一分钟，或者稍微再长一点，你可能就会被结果惊呆。这个技巧分为三步。

① 调整呼吸，让吸气和呼气时间一样长。吸气的时候可以数1、2、3、4，呼气的时候也数1、2、3、4。

② 与此同时，想象吸气呼气的时候，气体都被吸进了心脏所在的区域，仔细体会这个区域的感觉。

③ 在你用心脏"呼吸"的过程中，让那些愉快、喜悦的情绪包围你，感激、仁慈或者爱都可以。具体来说，你可以通过回想一些欢乐时光来实现这一点，比如想一想和孩子们在一起的时间，想一想生命中那些让你感怀的人或事，宠物也行。你也可以想象这种感受随着呼吸的空气，一起流过你的心脏。

冥想，是个天天坚持的动作

冥想可以通过多种方式激活副交感神经系统。它可以让你摆脱紧张，放松身体，让你对自己身体的感觉更加专注。现在市面上流行的很多打坐方法，都可以很容易地让你进入冥想状态，或许你已经有自己特别中意的冥想技巧了。

在本章开头，我们介绍了一种基础的"强化内心冥想法"，已经有自己方法的读者可以聊作参考。要想从冥想中得到收获，关键就是不管冥想多简单，都要每天坚持。你完全可以给自己定个规矩，每天不做一次冥想锻炼就不睡觉，哪怕这个冥想锻炼只有一分钟。你也可以考虑加入附近一家正规的冥想团体，和大家一起练习。

经过研究，冥想通常有如下这些作用。

- 增加脑岛、海马体和前额叶大脑皮层的脑灰质含量；降低前额叶区域老化所造成的皮层变薄；改善和这些区域相关的心理学功能，包括注意力、同情心和移情能力。
- 增加大脑左前区的活性，提升情绪。
- 根据对西藏修行者的研究，冥想还能增加持续性伽马脑电波的强度和范围。所谓脑电波，是指大脑里大量神经元有规律地启动、停止时产生的电波，虽然很微弱，但可以被测量。
- 降低皮质醇浓度，皮质醇和压力直接相关。
- 强化免疫系统。
- 对很多生理疾病有辅助治疗作用，包括心血管疾病、哮喘病、Ⅱ型糖尿病、月经不调和慢性疼痛。
- 对很多心理疾病也有辅助治疗作用，包括失眠症、焦虑症、恐惧症和暴食症等。

从自身出发，获得背靠菩提树的安全感

释迦牟尼背靠菩提树悟道时，大脑空明得甚至可以装进一塔楼的士兵，这些士兵在佛陀的大脑里帮助他集中精神，保持洞察力。你也可以——

你的大脑会不停地扫描你的内部环境和外在世界，检查是不是有威胁存在。一旦发现威胁，你的紧张反应系统会立刻启动。

有的时候这种警惕性确有必要，但大多数情况下完全多余。这是你大脑中的杏仁核–海马体对以往不幸事件的反应，虽然已经过去了，但它们的影响会始终持续。其结果就是完全没必要的焦虑和不开心，让你的大脑往往对小事情也反应过度。

此外，这种警惕性和焦虑心态会让你很难集中注意力保持静观，或者进入冥想的深层状态。所以毫不奇怪，传统的冥想方法往往鼓励修行者找一个与外界隔绝、能避免伤害的地方进行冥想修行，就像佛陀那样。

不过，在我们开始摸索增加安全感的技巧前，有两点很重要。

第一，在正常的现实世界里，没有所谓的绝对安全。生活总在不停地发生着变化，汽车会闯红灯，人会得病，有些国家会崛起，震撼整个世界。没有哪个地区是绝对稳定不会地震的，没有哪个掩体是绝对完美的。接受这些事实是一种智慧，拥抱它，并带着愉悦继续你的

生活。

第二，对某些人而言，尤其是对那些以往受过伤害的人而言，降低其焦虑感本身就是一种威胁，因为降低警戒水平会让他们感觉自己更容易受伤害。所以我们在这里说"更加安全"或者"增加安全感"，而不说绝对"安全"，你得按照自己的需要去寻找合适的技巧。

放松身体

放松可以驱散你的焦虑，就好像你把浴盆的出水口打开一样，焦虑会流得干干净净，详见第50页的"数呼吸冥想法"。

使用图景想象技巧

大脑右半球掌管形象思维的部分，和情感处理过程关系密切。要想感到更加安全，你可以想象一些能够给你提供保护的人或事，比如特别关爱你的祖母，或者一个守护天使；或者干脆想象自己被一圈保护力环绕；有时候为了赶时髦，我可以想象自己听到科克船长（《星际旅行》中的人物）说："思考迪，升起护盾！"

和支持你的人多联系

要学会识别真正的朋友和家人，看看到底谁才是真的关心你，要多花时间和这些人相处。如果暂时和这些人分开了，可以试着想象以前和他们在一起的情形，然后把美好的感觉吸收进来。友谊，哪怕仅仅是想象出来的友谊，也可以启动你大脑控制依附感和社交协调的神经回路群。和那些关心自己的人以及身边的其他人保持物理接触和情感接触，激活这种接触的感觉可能会让你感到更加安全。

对恐惧进行静观

焦虑、恐惧、忧虑、担心，甚至是惊恐，和其他精神状态一样，仅仅是一种精神状态而已。当恐惧感升起的时候，识别它，观察它，注视着它，看它怎样变化，又如何在你的身体内流窜。用语言描述整个过程中你的感觉，这能增强大脑前额叶对边缘系统的调节能力。

仔细体验你意识深处的恐惧感，其实这种恐惧感本身并不让人恐惧。保持对恐惧感的客观观察者的身份，缓慢退回到自己广大的意识空间里，同时看着恐惧感像一阵风一样消失。

启动内在保护者机制

实际上，在每个人的意识中同时存在三种类型：内在儿童型、挑剔父母型和慈爱父母型；另外一种类似的三分法则把自我分为：牺牲者型、迫害者型和保护者型。

慈爱父母型，或者说保护者型，可以宽慰、鼓励和安抚你。当内在的声音或者外界的声音贬低你的时候，它就会挺身而出，与之对抗。它并不是站出来夸耀你，或者让事情变得顺利。它只是实事求是，像个可靠的、充满关爱之情而又从不废话的老师或者教练一样，提醒你关注自己的良好品质和美好的外界环境，让那些卑劣的人都靠边站，不来烦你。

随着我们逐渐长大，那些本应该成为我们更好的保护者的人，往往会一个接一个让我们失望。最深沉的沮丧往往并不是来自那些伤害你的人，而是那些本应该阻止伤害发生的人。他们可能是那些与你联系最为紧密的人，但是他们却给了你最深的伤害。正因如此，随着我们年龄的增长，我们的内在保护者机制变得越来越差。你现在需要做的就是，回想那些关爱你、会为你挺身而出的强者们在一起的情形，对这部分经历和体验给予特别的关注。把这些经历都搜集起来，吸收其中的美好，然后再想象一下，或者直接说出来或写出来，坚信他们会强有力地向你提供支持和保护。

小心大脑的定向偏见

用你的大脑回想一下：什么情况下让你恐惧的事情会发生？情况会有多糟？伤害会持续多长时间？应该怎么应对？谁能够帮助你？

随着你年龄的增长和逐步深入生活，大脑会根据你现有的经历和经验对未来做出预期，对于负面预期尤其如此。当和以前负面经历相似的情形发生时，哪怕两者差得很远，你的大脑也会自动给出负面的预期。如果你预想了痛苦或者损失，或者仅仅是痛苦和损失的威胁，大脑就会发出恐惧的信号。但是因为大脑的负面偏见，很多对痛苦或者损失的预期，其实都过分夸大了，或者完全没有根据。

小时候，我很害羞，总觉得自己比班上的其他孩子小，所以在很多情况下，我都觉得自己是个外来者，非常孤独。后来，当我成年以后，我加入了一个新的团体（一个工作团队或者某个非营利性组织），这时候我又觉得自己是个外来者，总是感觉不舒服，但是实际上这个团体的其他人都特别热情，非常欢迎我。

儿童时期形成的习惯性预期往往最为强大，但它们的准确性往往很可疑。当你小的时候：

- 你的社交圈子非常有限，只有你的家庭、学校，还有同龄人；
- 你的父母以及和你相处的其他人往往都比你强大得多；
- 你自己没什么可以利用的资源。

当你长大后，现实却是：

- 你的生活中可选择的社交圈子非常广阔；
- 你并不比你生活中接触的其他人弱小；
- 你有很多内部和外部资源（比如处理事务的技巧、其他人对你的善意等）。

所以，当恐惧感袭来的时候，问问你自己："我到底都有些什么选择？怎样技巧性地运用自己的能力，让我能够挺身而出保护自己？我有哪些资源可以利用？"

我们总是试图看清楚这个世界，不带任何曲解、混乱或者偏见。研究结果显示，越是精准地赞扬某种事物，越是能够带来积极乐观的情绪。在佛教中，无知被认为是痛苦的根本原因。如果有什么事真的需要你担心的话，那就尽你的最大努力去处理（比如付账单、看医生等）。不论如何，只要做点什么，就能对解决问题有所帮助，而且即便不考虑结果，这种行为本身也能让你宽慰不少。

培育你安全的依附感

童年时期，你和父母的关系，或者和其他照顾你的人之间的关系，可能对你成年以后处理人际关系时的预期、态度、情感和行为产生重大影响。

科学家对依附感的神经科学基础进行了深入研究，如果用一句话对他们一整套研究工作做一个总结的话，那就是，儿童和父母相处的经历会决定他/她的依附感。依附感可以分为四种类型：安全型、不安-逃避型、不安-焦虑型和无组织型（最后一种非常少见）。

儿童时期形成的依附感类型通常会保持到成年，成为这个成年人在处理重要人际关系时优先默认的模板。当然，和大部分人一样，如果你在儿童时期形成的是不安-逃避型或者不安-焦虑型依附感，你仍然有机会改变。只要修正你处理人际关系的模板，就能让你享有更具安全感的人际关系。下面我们就介绍几个这方面的技巧。

- 要充分理解你小时候，特别是幼年时期，和父母的关系是什么样，要认识到这种家庭氛围对你长大成人后的性格发展产生了什么影响。如果你自己有不安型的依附感，要正视这一点。
- 在面对不安全感的时候，要对自己表现出同情。
- 尽可能去找那些能够给你关爱的可靠的人，多体验和他们在一起相处时的感觉。同时，要尽可能维持好你现有的人际关系。
- 多静观，多关注自己的内在状态，必要时可以运用冥想来实现这一点。从效果上说，你这样做实际上是在感受那些迟到的关注和情感，这些应该是你在儿童时期就得到的。静观可以激活你的大脑，帮助你协调大脑前额叶和边缘系统之间的关系。这是形成安全型依附感的关键性神经基础。

不想受伤，就住进"大脑庇护所"

生活中，你应该从哪里寻求安全感呢？安全感可以来自人、场所、记忆、想法以及理想，事实上可以来自任何人、任何事物。

能让你没有戒心，为你提供保护，帮助你积攒力量和智慧，那就是一个好的庇护所。当你还是个孩子的时候，这种庇护可能来自母亲的拥抱、临睡前父母讲的故事，或者和朋友们出去疯玩的经历。小时候，当我想要庇护的时候，我就去家里附近的小山上，在那里花很多时间用大自然的美妙来洗涤心灵。

作为一个成年人，你的庇护所可能就是一个特定的场所或者活动（比如教堂、庙宇，或者遛狗，以及好好洗个热水澡），也可能是一大帮同好、朋友，或者老师。有些庇护所只可意会不可言传，非常玄妙：比如某种和大自然紧密相连的感觉所带来的自信，或者对于必然成功的某种强烈直觉。

下面这些庇护所可供你参考。

- 导师——你所信仰的某种宗教传统里，处于中心位置的历史人物（比如耶稣、摩西、释迦牟尼或者穆罕默德）；他们所拥有的某种品质你也有。

- 真理——现实本身及其准确描述（比如，痛苦如何产生，又如何终结）。

- 好伙伴——既包括那些在觉醒之路已经走出很远的人，也包括身边手拉手一起前行的人。

寻求庇护能让你远离麻烦和困扰，并对你施加积极乐观的影响。被庇护的感觉包围时，你的神经系统会安安静静地编织出一张安全大网，把你包裹起来。

每天都尝试找几个庇护所吧，是不是正式的无所谓，是不是可以用语言描述的无所谓——只要对你起作用就好。试着用不同的方法去体验这些庇护所，比如，想象你自己是从庇护所里走出来的，或者让这个庇护所保存在你的心里。

探索属于你自己的"大脑庇护所"

找出几个属于你的心灵庇护所，用下面的方法尽可能地探索它们。睁眼闭眼都可以，快慢无所谓。除了我们以上写的这些庇护所，把你所能想到的所有庇护所都写在横线上。

在＿＿＿里我找到了庇护。

我去＿＿＿寻求庇护。

我是＿＿＿。

我来自＿＿＿。

这里有＿＿＿。

＿＿＿流过我的心田。

我和＿＿＿在一起。

如果你还有其他形式的庇护所，你也可以写出来。

把你的意识带到庇护所去，体会一下，用你的身体去体会，想一想在这里，对你的身心有什么好处。让它对你的生活产生影响，让你从它那里获取力量，让它给你挡风遮雨。

你在意识深处轻柔地说："我在＿＿＿找到庇护了。"也可以直接不声不响地进入你的庇护所。

体会一下当你进入庇护所时是什么感觉。让那种感觉包围你，变成你的一部分。

到这里应该就可以结束了，当然也可以按照同样的方法再去处理一下另一个庇护所，你可以把你所有的庇护所都这么处理一遍。

当你进入了所有的庇护所之后，仔细体验一下整体上的感觉。现在你已经把这些庇护所随身带着了，什么时候需要什么时候就可以拿来用。

培育良性欲望，把握满足的力量

在你当下的位置上，用你所拥有的时间，用你所拥有的资源做你所能做的一切。前提是，培养你良性的欲望。

前面我们集中讨论了如何控制你的贪婪和怒火，从而减少痛苦的成因。现在要讲一讲如何提升你的内在力量，让你拥有更多幸福的成因。你将会了解大脑是如何被激发的，也就是大脑是如何产生欲望，并利用神经网络猛烈推动意识和身体的各个系统去实现这个欲望。不论是为了继续呼吸，为了吃上下一顿饭，还是为了寻找幸福、爱和智慧，道理都是一样的。

生活中的欲望，包括目标和目标实现的策略，通常都保留在你的潜意识当中，你自己甚至都无法发现。欲望是由大脑的四个主要部分——脑干、间脑、边缘系统和大脑皮层——支撑的。每个部分都会和其他部分紧密协作，但其中前扣带大脑皮层和杏仁核处于中央位置，可以向各方辐射神经信号。这两个区域能够互相调节，让我们先从前扣带大脑皮层开始探索。

前扣带大脑皮层——搜集信息，解决问题，作出决定

通过和杏仁核、海马体和下丘脑之间紧密的相互联系，前扣带大脑皮层会对你的情感产生影响，反过来，你的情感也会对它的工作状态产生影响。

前扣带大脑皮层和前额叶大脑皮层紧密相连，连接部分位于前额叶大脑皮层的背侧（上）区和外侧（外）区，这一部分统称为前额叶皮层背外侧区，简称DLPFC。它是工作记忆的关键神经基础。你的大脑就是在这个区域搜集信息、作出决定、指导行动、解决问题和实现你的欲望的。

当你的欲望确定之后，在前扣带大脑皮层"辐射"协调下，大量细胞区域会一起发出脉冲信号，整齐划一，以相同的节奏启动和停止，按部就班地执行你的企图心。具体的外在表现就是大脑会释放出伽马脑电波，频率30～80赫兹。

前扣带大脑皮层区还负责对你的注意力情况进行监督。它会监控你的目标实现的进展情况，并标记执行过程中的矛盾冲突。无论什么时候，只要你有意识地在做一件事，那么你的前扣带大脑皮层就一定在起作用。

通过和杏仁核、海马体和下丘脑之间的紧密联系，前扣带大脑皮层会对你的情感产生影响，反过来，你的情感也会对它的工作状态产生影响。可以说，这个区域是对你的思维和感觉进行综合的关键区域。通过冥想或者其他方法，加强你的前扣带大脑皮层，能够让你在心烦意乱的时候也保持头脑清醒，可以把温暖和充满情感的智慧带到你的逻辑推理里。

杏仁核——标示重点，分析评价，施加影响

每时每刻，杏仁核都会对那些和你有关的信息进行梳理，进而作出判断。

通过与前扣带大脑皮层、前额叶大脑皮层、海马体、下丘脑、基底神经节和脑干之间的紧密连接，杏仁核是驱动你行为的第二个主要中央区。

每时每刻，杏仁核都会将那些和你有关、对你来说很重要的事情在你面前标示出来。让你高兴还是不高兴，是个机会还是个威胁，它都会指出来。它还会塑造你对形势、因由和判断的理解与评价。杏仁核是一个具体问题具体分析、充满热情的驱动力中心，它通常是在你的潜意识层面上，暗地里对你施加影响。

想吃鸡蛋就去拿，没有也不心烦

对你有害处的企图心会在你的大脑各个层级流窜，你不能过于严谨地要求它们。

很多时候人们都会说，欲望会带来痛苦，但真的总是这样么？欲望涵盖的范围非常广阔，包括愿望、企图心、希望和攫取。欲望是否会带来痛苦取决于两个因素：一是是否有强烈的攫取，也就是迫切需要什么事物的感觉参与其中；二是为什么会有这种欲望。

对于第一个问题来说，人们对每种"色"（佛教概念，泛指大千世界各种吸引人的美好事物）的欲望本身并不是痛苦的根源，攫取才是。你可以对某种事物有期许，但是不要拼命攫取其美好结果。比如，你如果想要鸡蛋，那就去冰箱里拿，但是不要对自己说："我一定要拿到鸡蛋不可。"也就是说，如果冰箱里鸡蛋都吃光了，你不要因此而心烦意乱。

对第二个问题来说，欲望本身是一把双刃剑，既可以伤害你，也能帮助你。比如，佛教里的"三毒"——贪、嗔、痴——就可以认为是某种企图心：紧紧抓住快乐，死死挡住痛苦和其他你不喜欢的东西，忽视或者歪曲那些你根本就不清楚的事物。

对你有害处的欲望会在你的大脑各个层级流窜，海马体会释放恼怒和恐惧，而前额叶大脑皮层则会让你为报复制订详细的计划。但同样也有些欲望的确是健康的，比如慷慨、友好和静观的欲望。随着你不断将积极乐观的倾向编织进大脑的各个层级，"三毒"将渐渐被你推向边缘地带。

培育良性的欲望是非常重要的，同样，培养能够满足这些欲望的力量也同等重要。

内心强大的感觉，像野兽，像雄鹰

真正强大的感觉往往是一种安安静静的决心，而不是那种从胸膛里喷薄而出的一意孤行。你需要很多这样的决心。

你什么时候会感到自己真的很强大？这个时候是什么感觉？你的身体、情绪以及想法都是什么样的？

在我读大学的时候，有一次出去旅行，背着包和十几个小学生横穿约塞米蒂高原。整个上午我们一个人都没见到，中午在一条小河边的乱石滩上吃午饭，之后，我们就找不到路了。后来我们又朝森林走，在那儿重新找到了路。走了1500米左右，有个孩子发现他的外套落在河边了。我跟他们说我回去找，让他们继续走，我们计划在前面几千米的宿营地碰头。我把自己的背包扔在路边，反身回到了吃午饭的地方，找了一圈，把那孩子的外套找到了。

不过这时候我又找不到路了。迷迷糊糊地在乱七八糟的石头间游荡了一阵子后，我真的害怕了：那时候已近傍晚，离我最近的人也在几千米之外。天气很凉，我只穿着T恤衫和牛仔裤，必须在这个海拔1800米的高原找个地方过夜。这个时候，一股空前强大的感觉抓住了我。我感觉自己像头野兽，像只雄鹰，必须想尽一切办法生存下去。我能感觉到自己体内那股勇猛的决心，我必须活下去！要安然地度过这个白天，如果有必要，也要安然地度过这个夜晚。带着这股力量，我在乱石滩转来转去绕圈子，最后到底还是让我找到了路，在后半夜终于赶到了宿营地。我永远也不会忘记那天那种强烈的求生欲望，从那以后我经常回味当时的感觉，以获取心灵力量。

内心强大体现在两个方面：体力和决心

体力和决心两方面都可以通过小动作有意识地加强。做出代表某种情绪的面部表情可以强化这种情绪，肌肉也一样，让肌肉做出内心强大时的动作，能增加你对这种感觉的体会。比如，你可以想象自己背着一个大箱子，这个时候呼吸稍微加快一点，或者把你的肩膀收紧一点，这种感觉自然就出来了。多体会体会这种内心强大的感觉，尤其是你身上肌肉的感觉，最细微处都要体会到。

经常这样做，你就可以形成习惯，随时可以有意识地把这种内心强大的感觉召唤出来，这不是为了控制别的人或者控制别的什么事，而是为了给你的欲望加加油。在加强你对内心强大感觉的体验过程中，可以把整个神经轴都拉进来。比如，你可以把你的意识集中在体验脏器和肌肉的感觉上，这可以刺激你的脑干释放去甲肾上腺素和多巴胺，就好像在你的大脑里放了个喷泉一样，可以唤起和启动大脑的其他部分。

你也可以让边缘系统参与进来，具体做法就是仔细体验内心强大的时候感觉究竟有多棒，这样你在未来的日子里就可以始终保持这种内心强大的感觉了。

想象那种强大的感觉回到你身上，你就有权利强大起来。

你还可以用语言评论这种感觉，给自己的大脑皮层增加力量：我感觉很强大！强大的感觉棒极了！诸如此类。

如果你有错觉，认为觉得自己强大不好，或者是个错误，那就要坚决回击："内心强大会帮助我做好事。我有权利强大起来。"你要确保整个神经轴的各个层次在这方面都朝着同一个方向。

当你感到内心强大的时候，无论是你有意识地这样做，还是突然自己就有这种感觉，你都要有意识地把它保存起来，让它在你的内隐记忆中深深地扎根，成为你的一部分。

大脑常识课NO.5

大脑的关键零件

你大脑的这些关键部分，每一个都负责很多事务。其中和本书内容相关的各项功能有以下几个。

■ 前额叶大脑皮层——设定目标，制订计划，指导行动，塑造情感，参与指导边缘系统，有时也会对边缘系统进行抑制。

■ 前扣带大脑皮层——稳定注意力，监控计划实施，协助进行整体思维和整体感觉。所谓扣带，是指弯曲的神经纤维束。

■ 脑岛——感知身体内部状态，包括内脏的感觉；协助移情功能的实施；位于颞叶之中，颞叶在你头部两侧各有一个。

■ 丘脑——各种感知信息的主要中转站。

■ 脑干——向大脑其他部分发送神经调节物质，包括血清素和多巴胺。

■ 胼胝体——在大脑左右两个半球之间传递信息；是横行的神经纤维束。

■ 小脑——协调运动。

■ 边缘系统——情感和激励系统的核心，包括基底神经节、海马体、杏仁核、下丘脑和脑垂体。有时我们认为部分大脑皮层也包含在内（比如扣带皮层、脑岛等），但为了简化，我们将其定义为解剖学上大脑皮层下结构部分。除了边缘系统，大脑很多部分也都会参与情感。

■ 基底神经节——参与奖励机制，寻求刺激，并调节身体运动。这里神经节是指团聚在一起的神经丛。

■ 海马体——构建新记忆，侦测威胁。

■ 杏仁核——某种警报铃，专门负责响应情感爆发和消极悲观的刺激。

■ 下丘脑——调节首要驱动力（欲望），比如饥饿和性饥渴；分泌催产素；活化脑垂体。

■ 脑垂体——分泌内啡肽；控制压力荷尔蒙的分泌；存储和释放催产素。

第六章

宇宙冥想法・拥有超常理解力

宇宙冥想法

你是否总在为未来担忧，反倒忽视当下自己付出的努力？

你是否脑中总是一片嗡嗡声，有无数个自己在发表他们的见解？

你是否为自己内心的真实想法感到震惊，拼命想要否定它，可它却越发清晰？

在日常生活中，你我或许都已成为面具人，对不同的人展现不同的面貌。有时候你会隐藏自己真实的想法，甚至拒绝面对它。可是，即使是些不太善意的想法，也是你的一部分。当你能够直面它，它不会再那么可怕；当你否认它、忽视它，只会为你自己带来痛苦。现在开始开发大脑的宇宙，让自己有足够的空间坦率地直面自己。

现在，静下来，关注自己的内在世界和外在环境，尽情地探索自己、发现自己，正视自己的缺点，为自己的优点而欣喜。然后按照"甜蜜冥想法"，去吸收它们，引领你走向体验美好事物的大门。

试着按下面步骤练习"宇宙冥想法"。

1. 放松，眼睛睁着闭着都行。关注你的身体，感觉你平静的呼吸。体察自己吸气、呼气时的身体感觉。在这种体察的基础上，再建立一个新的第三者身份来感受自己的体察行为本身。

2. 观察感知空间深处的各种意识客体，同时不要被它们沾染牵绊；不要去试图追寻胡萝卜，也不要去和那些弯树枝作斗争。就是简简单单的观察，不要被它们同化：不要把自己和意识中的这些内容视为一体，就当自己在看电影，不要走到电影屏幕里去。

3. 任由各种经历和体验都来来去去，不要尝试去影响它们。这些意识客体一出现，各种喜欢、不喜欢的念头肯定会闪现；这些偏好其实也都是意识客体。任由它们发挥自己的天性好了，来来去去，然后无影无踪。

4. 关注当下这个时刻。不要管过去，也不要管未来。抛开当下这个时刻和其他时刻的联结，紧随当下这个时刻，不要回想，也不做计划。没有沾染，没有对任何事物的追寻，什么都没有，什么都不需要做，什么都不是。

5. 体察各种意识客体之间的空隙，正是这些空隙能让你察知感知空间本身和它涵盖内容之间的差异。你可以有意识地思考一个特定的想法，比如"我现在在呼吸"，然后观察一下在这个想法之前和之后都有哪些想法。你会惊讶地发现一些宁静的欢乐，一些还没有被用过的能力，以及一片富饶的空白空间。

6. 体察感知空间的广阔属性，它是无边、平静、安宁、空白的，等待有意识客体出现在其中。感知空间广阔得足以容纳任何事物，它始终在那，始终值得依赖，永远不会被划过其间的各种意识客体所取代、所影响。不要试图给这个感知空间一个定义，这个定义注定是错的，因为对感知空间的定义本身，也是感知空间漂浮的意识客体之一。你只需要感受它的存在，它在起作用，它揭示了无限，这就足够了。

7. 剩下的时间里，你可以自己动作轻柔地探索感知空间的各种性质；仅仅是探索、感受，不要下结论，不要赋予意识空间以概念。你可以感受一下这个空间是不是本身就充满了光辉，看看它是不是本来就充满了微妙的同情心，还可以看看其间漂浮的各种意识客体能不能让它产生稍许的改变。

你可以把自己的意识想象成一个在前厅有储藏室的大房子，在气候寒冷湿润的地区，这样的房子很常见。人们进屋时，可以把沾了泥的靴子和湿漉漉的衣服都暂时寄放在这里。佛教中所谓的"定"，就是在你的意识中开辟这样一个储藏室，把你对事物的第一反应，诸如追着胡萝卜跑、推开弯树枝之类，都放在里面，从而使你的意识保持内在的纯净、清洁和安详。

保持"定"，不为琐事烦心

"定"既不是冷血，也不是漠不关心：你当然可以热情地拥抱这个世界，只是不会被它所带来的烦恼干扰。

"定"，也就是镇定，英文单词是equanimity，其拉丁词根含义为"平静"和"意识"，就是意识处于一种完美的、不可动摇的平衡状态。

有了"定"，你的意识就不会被各种各样的外物所影响，能够始终保持空灵和稳定。大脑的原始神经回路总会不停地驱使你去做出各种各样的反应，"定"可以打断这种回路。它可以把你经历体验中的感情色彩和对外物拼命攫取的欲望剥离开来，使你对这些感情色彩的反应变得中性化，从而打断痛苦产生的过程。

有一次冥想静修结束后，我回家吃饭，吃到一半的时候，孩子们像往常一样开始斗嘴。通常情况下我很烦他们这样，不过这一次因为我刚刚静修完，意识还处于定境里，所以这种烦心的感觉就离我很遥远。就好像我坐在一座空旷的体育馆里，这件烦心事仅仅是体育馆顶部的一个小风扇，尽管它拼命要把烦恼和怒火吹到我这儿，但始终徒劳无功。

在心理学上，这种在特定情况下驱使你必须做出反应的局面，我们称之为需求性特征。比如门铃响了（你必须去问是谁），比如有人向你伸手要和你握手（你必须也伸出手），都属于这种情况。但是一旦你处于"定"的状态，这种局面就只剩下了特征，没有需求了——也就是说你知道发生了什么，但没必要一定要按照固定模式反应，可以先考虑考虑再说。

摆脱这种下意识的自然反应，可以为同情、爱心和喜悦留出更多空间，让你为他人带来更多的美好。佛教大师卡马拉讲过一个拂晓在恒河上行船的故事：船的左边，第一缕晨曦照亮了古老的佛塔和庙宇，让它们散发出玫瑰色的光芒。船的右边正在举行传统的火葬，尸体在火堆上熊熊燃烧，冒出滚滚黑烟，众人不断哀号。左边是美景，右边是死亡，但只要心中有"定"，就可以同时容纳这两者。当你面对那些会对你情感造成巨大冲击的局面时，比如你或者你亲密的朋友痛失挚爱，这时候就要用意识深处的那份"定"，保持中立，胸怀宽广，不为琐事而耿耿于怀。

处于"定"境，大脑就会有超常的理解力

用"定"断除烦恼，不对生活失望，不对生活不满，让你的烦恼和痛苦找不到生长壮大的土壤。

当你处于定境时，你既不会去抓住愉快享受的经历不放，也不会一味抗拒令人厌恶的体验。你会以一种空灵的状态和这些经历与体验拉开距离，在这些经历与体验和你本身之间构建一个缓冲地带。

理解力和企图心

在"定"的状态下，你能够看穿经历和体验的短暂和不完美，从而不再执著，这样无论是欢愉还是痛苦，都不会对你造成影响和伤害。佛教徒称这种不再执著的状态叫"出离"，有了这种出离心，你就不再会对生活失望，也不再会对生活不满。当然，你还是能体验到生活中的各种美好和各种警报，只是不会被它们干扰。换句话说，就是你能够理解生活中发生的各种事，不会随着这些事件的发生直接让企图心冒出来——至少在冷静分析得失之前不会。

大脑的理解力和企图心都和前额叶大脑皮层紧密相连。让企图心保持"定"的状态，主要靠前扣带皮层中央区来实现。

坚定的意志让你不受羁绊

"定"能够让你在感受到所发生的一切的同时，不会被羁绊住。这会抑制大脑前扣带的功能，特别是在"定"的初始阶段，尤其如此。如果这种定境继续深入，冥想修行者会发现，他们可以毫不费力地进入连续的静观状态。

知觉的世界工场，制造各种美好想象

"定"的另一个好处就是它可以成为一个异常广阔的知觉世界工场，成为意识感知的神经性补充。要实现这一点，靠的是稳定和深邃的伽马脑电波，这种伽马脑电波是靠大脑内数以百万计的神经元同步发出脉冲信号形成的，频率为30～80赫兹。有趣的是，这种非常规的脑电波模式恰恰是藏传佛教修行者们在深度冥想至定境时经常产生的。

有意识地入"定"，身心宁静

边缘系统、下丘脑-垂体-性腺轴系统以及交感神经系统，能以循环方式发生互动。比如，当某件吓人的事发生时，你的身体会一下子被激活（包括心跳加快、手心出汗等），身体的这种变化被边缘系统感知后，边缘系统就会认为这些证据表明你遇到了威胁，于是就会发布命令，让你的身体产生更多的恐惧反应，从而形成一个恶性循环。

有意识地进行这种以进入定境为目标的冥想修行，可以显著增强你的放松感和宁静感。

断除烦恼由"定"开始

随着时间的推移，"定"会逐渐深入一种深远的内在平静状态中，这是冥想修行到一定境界的特征。这种"定"，也会和你的日常生活交织在一起，给你带来极大好处。如果你能打破经历和体验中的感情色彩与你对外物攫取欲望之间的联系——也就是说，你能体会到愉悦，却不去追逐这种愉悦；能体会到厌烦，但不去抗拒厌烦；能体会到中性，但也不去忽视这种中性——那么，你就打断了痛苦形成的机制，至少在相当长一段时间里，你不会再受到它的困扰。这是一种令人难以置信的幸福和自由。

把不安宁的事全列出来，一个一个处理掉

即便是在困难的环境下，你依然可以明确无误地求得内在的安宁。即便整个世界都破碎了，内心的宁静依然存在，依然支撑着你。

完全彻底的"定"并非大脑的正常状态，但你可以通过修炼来达到。不过基础型的"定"还是可以在日常生活中体验到的。下面我们就来探索一下"定"的神经要素以及日常实现方法。

理解你对未来生活的掌控度

要知道，生活中所有的奖励都是稍纵即逝的，而且它们往往并没有看起来那么丰厚。同样，痛苦的经历也都是短暂的，而且常常没那么恐怖。无论是欢愉还是痛苦，都不值得大惊小怪，更没必要让它们成为你的一部分。

事实上，所有事情的发生都是由一连串各种各样的因素共同决定的。这使得事情只能是这个样子，而不可能是别的样子。这并非宣扬宿命论，也不是让你绝望，你当然可以做些什么让未来变得不一样，但过去已经发生的事情和正在发生的事情是不可改变的。

甚至对于未来来说，当大多数决定未来的要素都已经被确定下来的时候，未来一样不是你能够掌控和改变的。即便你一点错误都不犯，玻璃杯一样要打碎，正在运作的项目一样无法有所进展，就像你得感冒咳嗽，而你的朋友会变得心烦意乱……在大多数情况下，当这些情形发生时你都无能为力。

把"定"字写在你身边

你要经常提醒自己，保持定境会让你远离攫取的欲望和它带来的痛苦，这也是实现自由的关键。

在日常生活中，遇到各式各样的事情时你要有意识地和它们保

把"定"字挂在身边,用冥想让你远离欲望和它带来的痛苦。

持距离,在搞清楚它到底怎么回事的同时,不受它的影响,不对它有所反应。必要的时候,为了给自己提个醒,你可以在身边多写几个"定"字签,可以贴在电脑上,也可以贴在电话边,或者挂一幅能让你体会到"定"的装饰画,都能起到同样的效果。

增加不带喜恶感的情绪体验

要想让你变得更加坚定，你需要特别关注带有中性感情色彩的经历体验。愉快型和厌恶型的刺激往往能比中性感情激起更多的大脑活动，这是因为你的大脑需要为愉快型和厌恶型的刺激考虑更多，反应也须更快。

由于你的大脑不会自然而然地和中性感情联系在一起，因此你需要有意识地去加强对这类感情的关注。只要让你自己的大脑经常性地接受中性经历和体验，你的意识就会变得习惯于和中性感情相处，从而变得不那么倾向于寻求奖励和躲避威胁。这样时间一长，中性感情色彩就会成为你意识的主导感情色彩，就像某个知名冥想教练说的那样，中性感情色彩这时就会成为一个"通向平静的大门"，只要一步跨过你就可以求得永恒的安详，内心不会再为任何外物所动摇了。

想象你在太空用枪打星星

想象你进入一个广阔的空间里，比如在太空中用枪打星星。把你的各种经历和体验所携带的感情色彩都放入这个广阔空间里，让它们和你的距离都很遥远，藐视它们，不为其烦恼，不受其影响。让你所有的意识都散布在这个广大的空间里，任其生灭，任其来去。想法就是想法，声音就是声音，事就是事，人也就是人自己。

想象在太空用枪打星星，内心就会像宇宙一样广大。

列个单子，把让你不安宁的事统统写出来

要想保持宁静，就不能被自己体验到的感情所操控。比如，如果有什么事物让你感到愉悦，你不要去接近它。禅宗三祖曾说过："至道无难，唯嫌拣择。"意思是说，对那些不被体验中的感情所操控的人来说，觉醒是很容易的。抽点时间出来，哪怕仅仅是一分钟也好，

有意识地把你的各种偏好都放在一边，让你既不会欣赏什么事物，也不会讨厌什么事物。成功之后，每天坚持，每天都把时间稍微延长一点。逐渐让你的价值观和道德情操来指引你的行为，而不是让你的欲望来指引。欲望本身其实就是对积极乐观或者消极悲观的反应。

副交感神经的活动也可以制造宁静的感觉，我们在前面已经介绍了启动副交感神经的方法了。你可以给自己列张单子，把那些会激起你（广义的）贪婪和憎恨的事情都列出来，从最温和的刺激到相当于四级火警的紧急状态全都包含在内。然后，从简单的着手，用前面的方法，比如深呼吸、对恐惧进行静观，或者寻求内在庇护，把宁静的心态引入你对这些事情的体验中。你可以按照自己列的单子，先易后难一个一个处理。

佛教对人生不同的境遇有一个形象的比喻，这就是"八世风"。八世风包括：利，也就是利益；衰，也就是损失；誉，赞誉；毁，毁谤；称，称道；讥，讥诽；乐，欢乐；苦，痛苦。如果能壮大自己内心的宁静，这些世风对你意识的影响就会减轻，即所谓"寂然安不动，八风吹不动"。只有这样，你的幸福感才会完全摆脱对外在条件的依赖。

爱与恨都是进化出来的

一个美洲印第安长老说:"在我心中有两条狼:一条是爱之狼,另一条是恨之狼。决定一切的是我每天喂哪只狼。"

我既能从印第安长老的话中体验到谦恭,也能感受到希望。毫无疑问,爱之狼更受欢迎,但恨之狼同样隐藏于我们每个人的心灵深处。它时而在遥远的战场上怒吼,时而又在我们的家庭生活中咆哮,它以我们的怒火和对抗为生,有时候甚至会伤害我们所爱的人。这同时也说明,我们每个人都有能力用我们的日常行为鼓励和加强我们的移情能力(下面我们会详细讲述)以及对他人的同情心和爱心,同时抑制和减少我们的恶意、轻蔑和对他人的冒犯。

这两条狼究竟是什么?它们是怎么来的?我们怎么做才能让爱之狼吃饱,而让恨之狼挨饿呢?

尽管恨之狼可能更引人注目,但实际上爱之狼的威力更巨大。它通过艰苦卓绝的自然选择进化得威力无比,根植于你的本性深处。在漫漫的进化征途中,原始海洋深处的海绵体进化成了我们人类。在这个过程中,同自身种族的其他成员保持良好关系是我们祖先能够幸存下来的重要原因。很多人都认为,在过去1.5亿年的动物进化过程中,社交能力带来的生存优势是驱动大脑进化的最关键因素。

这似乎离我们很遥远,但实际上在过去几百万年里,它们一直在我们祖先的日常生活中扮演着决定生死存亡的关键角色，这种情形也一直持续到了今天。在距今1万年左右，我们的祖先才掌握农业种植技术，在此之前他们一直是靠着捕猎为生的。通常情况下，捕猎的团队规模都不会超过150人。团队成员完全靠捕猎所获为生，他们一起搜寻食物，躲避掠食性动物，和其他捕猎团队争夺不多的生存资源。在这荒蛮的自然环境里，能够和其他成员相互协作的个体往往活得更长久，而且能繁育更多的后代。

这种繁衍后代上的优势，从一代人来看也许很微小，但随着时间的推移，逐代的优势积累下来就非常可观了。从工具被发明出来开始，经10万代繁衍后，维护社会关系和倾向于相互协作的基因就被固化在了人类总体的基因池里。如今我们可以在人性里发现很多体现这种基因的特征，比如利他行为、慷慨行为、公平观念、语言艺术、宽恕行为以及道德和宗教。

和你的爱之狼融为一体

我们和蚂蚁、蜜蜂的区别在于：我们能感受他人内心的喜怒哀乐，并为此付出真诚的爱和关怀，建立亲密的关系。

强大的进化过程塑造了你的神经系统，让它拥有构建协作关系的能力和倾向性。这些能力和倾向性滋养了你心中那条强大而友善的爱之狼。以这种社交能力为基础，相关的神经网络支撑起了移情能力。

所谓移情能力，就是感受另外一个人内在状态的能力，这种能力是构建任何实质性的亲密关系所必需的。如果没有移情能力，那么人就和蚂蚁或者蜜蜂没什么两样了，人们之间来来往往擦肩而过，每个人都注定孤独一生。

随着人类的大脑进化得越来越大，人类儿童时期的持续时间也变得越来越长。因此，原始人部落就必须相应地进化出某种机制，把部落成员常年维系在一起（按照非洲谚语讲就是"结成村落养孩子"），从而传递这个部落的基因。要实现这一点，大脑就必须有强大的神经回路和神经化学物质，用来生成、维系爱心和依附感。

这其实就是你的意识能构建浪漫、心痛、深爱的感觉，让你和家庭成员之间建立紧密联系的生理基础。当然，这种事涉及更多的是爱，或者文化、性别、个人心理角色等，而不是大脑。

情为何物？答案在这儿

几乎在所有已知的人类文化中，都有浪漫爱情的踪迹，这表明它已经根植于我们的生物性，甚至是生物化学性之中了。虽然内啡肽与血管升压素也会参与和恋爱相关的神经化学过程，但这个过程最主要的参与者其实是催产素。这种神经调节物质（或者说是荷尔蒙）能让人产生关怀和珍爱的感觉。不论是男性还是女性，身体里都会有，当然，女性分泌得更多。催产素驱动人们进行眼对眼的沟通，增进互相信任，抑制杏仁核的活性，而且鼓励对他人的接近；在女性紧张的时候，催产素还会支持其倾向友好的行为。

短期的迷恋和长期的依附感分别仰仗不同的神经系统。在恋爱的早期，爱情通常只是一种浪漫关系，是由基于多巴胺的神经系统所带来的强烈的、不稳定的奖励机制控制。随着感情的不断深入，两性的关系会逐渐演变成一种发散、稳定的充实感，由催产素及其相关神经系统所控制。当然，即便是保持长期稳定关系的情侣，只要彼此深爱对方，还是会偶尔激发大脑中的多巴胺神经系统，让彼此体会激烈的愉悦之感。

我们追逐着爱情的欢愉，同时也在逃避失恋的痛苦。当人们被爱侣抛弃的时候，有一部分边缘系统会被激活。这部分边缘系统，在人们进行高风险投资的时候也会被激活。无论是生理疼痛还是社交失败带来的痛苦，依靠的都是同一套神经系统。之所以如此，是因为它们都指向同一个目的，那就是避免再次被伤害。

警告你的恨之狼，别伤害他人成习惯

恨之狼会自动攻击"他们"，但在绝大多数的人心中，爱之狼都要比恨之狼大得多、强得多。这两条狼生存在每个人的心里，彼此纠缠在一起。

既然人类独特的进化背景让我们具有如此丰富的协作性、同情心和爱心，那么为什么在我们人类的历史上还依然充满了自私、残忍和暴力呢？

经济因素和文化因素当然是一方面的原因。然而，纵观所有的社会形态——渔猎社会、农业社会和工业社会；共产主义社会和资本主义社会；东方社会和西方社会——在大多数情况下发生的故事都是完全一样的：对"我们"忠诚，守护"我们"，而对"他们"怀有恐惧并表现出攻击性。我们已经看到对"我们"的姿态是如何根植于我们的本性深处，现在就再来研究一下对"他们"的恐惧和攻击性是怎么发展出来的。

对"他们"的下流和粗暴

办公室政治、校园小圈子和家庭暴力的源头，正是我们大脑深处对"他们"的藐视和攻击以及对"我们"的偏袒和爱护。

几百万年来，我们的祖先一直面临着饥饿、掠食动物和疾病的威胁。雪上加霜的是，气候剧烈波动带来的大干旱和冰河期让生存资源愈加枯竭，生存竞争越发激烈。所有这些蛮荒环境综合在一起，让我们的原始人和智人祖先每年即便拥有2%的自然人口增长率，人口也始终无法真正增长起来。

在这样严酷的环境里，在部落内部展现合作的一面，而对其他部落展现具有攻击性的一面，无疑是有巨大的繁衍优势的。这种协作和对抗是相辅相成、互相依托的：部落内部的协作会让这个部落在和其他部落的对抗中占据上风，反过来，和其他部落之间的对抗也要求部落内部有良好的协作。

和协作与关爱一样，对抗与憎恨也需要多个神经生物系统共同参与其中。

- 当感受到威胁的时候，人会变得非常有攻击性。这些威胁的感觉包括轻微的不适或焦虑。这是因为杏仁核会优先处理威胁信号，而且当它察觉到威胁的时候会变得越来越敏感，这样随着时间的推移，人就会感受到越来越大的威胁，所以也就会变得越来越有攻击性。

- 交感神经/下丘脑－垂体－性腺轴系统启动后，如果你选择了战斗而不是逃跑的话，血液就会涌向你的上肢肌肉，以准备进行攻击。毛发直立反应会让潜在的攻击者或者掠食动物感到你很危险，同时下丘脑会在极端情况下触发暴怒反应。

- 无论是男人还是女人，当展现攻击性的时候激素都会分泌旺盛，而血清素浓度会下降。

- 大脑左侧的前额叶和颞叶掌管的语言中枢，同大脑右半球的视觉中枢一起对对象进行辨别，区分到底是朋友还是敌人，相关还是不相关。

- 狂热的攻击性会让大部分交感神经/下丘脑－垂体－性腺轴系统处于激活状态，这常常会全面压制前额叶的情感调控功能，让人失去理智。冷静的攻击性则只会启动部分交感神经/下丘脑－垂体－性腺轴系统，这个时候前额叶的大部分功能都会被保持住。如同谚语所说："复仇这道菜，最好是凉着吃。"（美国谚语，意思是说，冷静复仇，效果才会最佳。）

上述这些神经活动最后指向的结果都是一样的：一方面好好照顾"我们"，另一方面恐吓、藐视和攻击"他们"。研究表明，当代的渔猎部落之间是经常发生冲突的。我们完全可以认为，这些部落都是体现我们祖先生活环境和生活习惯的活化石。他们之间的这种冲突往往是以游击战的形式发生的，虽然没有现代战争这么震撼和恐怖，但它们实际上更加致命。一个部落在一场冲突中往往有1/8的人会死掉，现代战争虽然看似波澜壮阔，但在一般情况下一场战争的死亡人数约占总人口的1%。

我们的大脑现如今依然保持着上述这些能力和倾向性。它们正是校园小圈子、办公室政治以及家庭暴力的源头。但是，良性竞争、维护自己以及为了保护自己珍爱的人或事而做出的激烈行为和怀有敌意的攻击有所不同，所以不在此列。

往大里说，我们的攻击性倾向造就了这个世界上的偏见、压迫、种族清洗，还有战争。在通常情况下，这些倾向性之所以会造成这么严重的后果，是因为独裁者通过给民众洗脑，将"他们"给妖魔化了，从而引导事情向恶劣的方向发展。但如果没有上述进化过程中部落间的冲突给我们大脑留下的这种独特的神经网络机制，独裁者的这种引导未必能这么成功。

别给别人贴标签，那是在喂恨之狼

当你给别人贴标签，心里的那只恨之狼就开始上蹿下跳，尽管如此，也不要把恨之狼归为"他们"。

在"我们"这个圈子里，爱之狼的视野极为广阔，圈子里的所有事物都会受到它的关爱。但是因为恨之狼的关系，这个圈子会萎缩，

小孩子总喜欢为四周贴标签，你别。

萎缩得只有我们自己的国家或民族、自己的部落，或者自己的朋友和家人。甚至在某种极端的情况下，只有我们自己才会被划到"我们"这个圈子里，圈外的全都是威胁着"我们"的"他们"。实际上，有的时候这个圈子会萎缩到只有我们自我的一部分才能被装进去，其他部分都被留在圈外，被我们憎恨。比如，我曾经有几个学生不能照镜子，他们觉得自己太丑，一照镜子就受不了，显然他们把自己的容貌扔在了圈子外。

禅宗说，心外无物。不要把任何东西留在你的意识之外，不要把任何东西留在你的心灵之外。当你这个自我的圈子缩小时，自然而然就会有一个问题：什么被留在了圈外？可能是世界另一端和你有不同宗教信仰的人们，可能是隔壁和你持不同政见的邻居，或者是那些和你处不好的亲戚、那些伤害过你的老朋友。它可以是任何一个你看不上的人，或者阻碍你的人。

一旦你把某人放在"我们"这个圈子外，你的大脑就会立刻自动贬低这个人，并把简单粗暴地对待他/她视为正常现象。这就等于是把恨之狼放了出来，让它时刻准备突袭别人。你可以留意一下每天你会有多少次下意识地给别人贴标签，说这个人"不是我这边的"，尤其是那种以微妙的方式处理的：这人和我社会背景不同，和我类型不同等。留意的结果可能会令你震惊，太频繁了！这个时候你可以再回头看看，当你有意识地给这个人贴上和自己有所区别的标签时在你的意识中会发生什么。可以比较一下，看看有什么不一样。

讽刺的是，"什么被留在外面"的一个答案恰恰是恨之狼自己，这一点常常被人否认，或者有意被低估。比如，我就必须承认在看电影的时候，当看到主角把坏人干掉时感觉非常好——这又常常让我很不安。不论我们自己愿不愿意、喜不喜欢，恨之狼都始终存在于我们每个人的内心深处。我们经常会听说这个国家的某些角落发生了恐怖的谋杀案，或者这个世界的某些角落有人在折磨虐待他人，在搞恐怖袭击，或者轻微一点，每天在我们的身边也常常会看到某些人在不公正地对待他人。这时候我们会摇摇头，长叹一声："他们究竟这是怎么了？"但我们没有意识到，实际上他们就是我们自己，我们的DNA都是一样的。否认这种先天基因的决定性，其实就是一种无知，也是痛苦的一个根源。事实上，我们前面已经知道，这种群落之间的冲突实际上加强了群落内部的利他主义行为，或者换句话说，爱之狼是在恨之狼的帮助下才诞生的。

拴牢你心中的恨之狼，不要把伤害他人视为理所当然

恨之狼既牢牢地根植于人类过去的进化史中，也深深地生活在当今每个人的大脑中，你需要的是坦诚面对。

毫无疑问，你自己心里那条恨之狼需要调教，但这条狼潜藏在你意识的阴影深处并不是你的错，事实上它给你带来的痛苦可能比带给其他人的都要多。现实而坦诚地面对这条恨之狼，可以带来自我同情。不但如此，也会让你在为人处世的时候更加小心。尤其是当你和邻居争论时，教育孩子时，工作中面临别人对你的批评时，你感到自己被不公正地对待或者被耍得团团转时，你就会意识到这条狼要跳出来搅浑水了。

当你看晚间新闻的时候，或者仅仅是在听孩子们吵闹的时候，有时候你会感到这条恨之狼主宰了人类的存在。

爱和与其他人的关联有点像一片广阔的天空，而对抗和争斗则是飘过这片天空的黑云，黑云显然更容易受到关注。但实际上大多数人和人之间的互动都或多或少有一些协作的色彩。人类和其他灵长类动物一样，都会经常性地抑制那条恨之狼，并修复它所造成的损伤，让彼此之间的关系恢复到积极乐观的合理状态。

在绝大多数时间里，在绝大多数的人心中，爱之狼都要比恨之狼大得多、强得多。这两条狼生存在每个人的心里，彼此纠缠在一起。

你是没有办法杀死那条恨之狼的，恰恰相反，这种尝试其实是在造就那些你想要消灭的东西。但是你可以好好地看住这条狼，拴牢它，限制它带来的警惕心理，不要把伤害他人视为理所当然。要试着限制委屈、不满、怨恨、轻蔑、偏见等陋习，与此同时，要滋养和鼓励心中的那条爱之狼。

大脑的"四大金刚"

你的大脑是从下到上、从里到外发展进化的，其主线就是所谓的神经轴，大脑的所有组织都是沿着这条轴线布局的。让我们从底层开始，看一看神经轴的四个主要层次是如何支撑你的企图心的。

■ 脑干

脑干可以向你的整个大脑释放神经调节物质，比如去甲肾上腺素和多巴胺，这会让你感到精力充沛，反应迅速，从而帮助你更好地实现目标、获取奖励。

■ 间脑

间脑由丘脑和下丘脑组成，丘脑是感觉信号的中央管理区。间脑的作用是指挥你的自主神经系统，并通过脑垂体对内分泌系统施加影响。下丘脑会对你的原始需求（比如水、食物和性爱）以及原始情感（比如恐惧、愤怒）进行调节。

■ 边缘系统

边缘系统是从间脑发展进化而来的，包括杏仁核、海马体和基底神经节。基本可以认为它是控制你情感的中央火车站。

边缘结构紧挨着间脑，有些部分在间脑的下面（比如杏仁核）。通常认为边缘属于神经轴里比较高级的部分，因为这些结构都是在进化过程的后期才出现的。不过其中有些结构位置比较靠下，这让人很费解（通常认为，越是后进化出来的大脑结构，位置应该越靠上）。

■ 大脑皮层

大脑皮层包括前额叶大脑皮层、扣带和脑岛。我们这本书的重点就是这一区域，它专门负责抽象逻辑推理和概念、价值标准、制订计划以及组织执行功能、自我监控和冲动控制。大脑皮层区还包括从左耳贯穿到右耳的感知运动连接线（负责感知和移动）、顶叶（负责理解）、颞叶（负责语言和记忆）以及枕叶（负责视觉）。

上面四个层次围绕神经轴共同协作，驱动你去做事。在通常情况下，底层的结构会为高层结构提供方向并使之活跃，而高层结构则会给底层结构提供指导并对其行为进行约束。越是底层的结构，对你身体的直接控制力就越强，也越难改变其自身神经网络结构。高层结构正好相反：它们对你行为的直接参与不多，但是具有极大的神经可塑性，能够被你的神经行为和精神行为所改变，并从经验中学习。

　　沿着你的神经轴，越靠下的部分对于外界刺激的反应越快，越靠上反应时间就越长。比如，你的大脑皮层通过长时间思考，可能决定让你放弃一个眼前的奖励，从而可以在未来获取更大的奖励。在通常情况下，眼光越长远，你的企图心就越明智。

第七章

自我同情冥想法·轻松改善人际关系

自我同情冥想法

你是否在看到乞讨的乞丐时满脸不屑?

你是否乐于关注哪些人在灾难面前捐款少了,甚至没有捐款?

你是否从来都没有想过应该同情自己?

比起善待他人,我们很少会善待自己。本章我们将会去理解痛苦,而消除痛苦获得快乐首先得培育和加强自我同情,学会善待自己。

现在让我们做一个简单的自我同情冥想训练吧。

试着按下面步骤练习"自我同情冥想法"。

1. 放松,回忆那些和真正爱你的人在一起的时刻。受到关爱的感觉会激活你的依附感,引爆你的同情心。

2. 回想一下那些让你自然而然给予同情的人,比如小孩,遭受苦难的人或者你爱的人。这种同情的情感流可以唤醒其神经基础,为自我同情做神经系统预热。

3. 慢慢地,把同样的同情心延伸到你自己身上——正视自己的痛苦，把对他人的关心和良好的期许延伸到自己身上；感受同情心慢慢地渗入心灵深处，如同温柔的雨滴浸润一切。

4. 此时你可以把手掌贴在你的脸颊上或者心口处，如同呵护一个受伤的孩子一样，带着轻柔和温暖呵护自己。这是因为和某种情感相关的动作会加强这种情感。

5. 在意识深处对自己轻语："再次快乐起来吧"，或者"让这些痛苦的时刻赶快过去吧"等。

6. 打开你的心扉，接受同情心，让这份美好的感觉直入你大脑的深处，至于它是从哪里来的并不那么要紧。不论这份同情是来自于你自己，还是其他什么人，都去尽量享受吧，让这份感觉带来的抚慰和关爱把你包容浸润。

我在冥想中心教练组这九年，常常被教练们的言论感动。他们对他人的遭遇充满了同情，问到他们的想法时他们都会毫不犹豫地清晰表达出来，从来不遮遮掩掩，顾左右而言他。即便观点不同，他们也只是把争论搁置，从来不会争吵，或者进行自我防卫。这种开放心态和直心的结合非常强大，它能让人在做好手边工作的同时唤起内在的爱心。

这就是同情心和直心的结合。它们就像一对翅膀，能够托起我们的人际关系自由飞翔。它们能互相促进：同情心能呵护直心，而直心反过来又会让你在给予他人同情的时候感到舒适，因为这是在满足你自身的需要。

同情心会让"我们"这个圈子不断扩大，而直心会为圈子里的每个人提供保护。它们俩一起滋养着爱之狼。在这一章里，我们来探讨一下如何运用头脑的领悟能力，去使用和加强我们天生的同情心和直心，将我们的善意发挥到最大。

让我们先从同情心开始。为了真正激起同情心，你首先必须感受那个你要同情的人正在经历什么。这里你就需要移情能力了，它可以打破你头脑中"我们"和"他们"的界限。

强化移情能力，让你拥有呼风唤雨的人际关系

不论什么样的社会关系，只要是真实存在的，就必须以移情能力为基础。我们是社会性的动物，只有当自己被别人感受着时才会有安全感。

当有人对你施展移情能力的时候，你会感觉你内在的一部分是为了他/她而存在的——你就是他/她心目中的那个人，你的感觉、你的需要他/她都知道。移情能力可以保证他/她能够在某种程度上理解你内在自我的运行状态，特别是你的意图和情绪。

反过来，当你向其他人施展移情能力的时候也一样。移情能力充满谦恭和抚慰，常常能够激起善意的回应。

在一个积极乐观的氛围里，当某个人看上去对你还有话说的时候，你就能确认，这个人需要你对他/她施展移情能力。不但如此，移情能力还能让你从他人身上得到很多有用的信息，包括他/她究竟在惦记什么，在担心什么。比如，当他/她对你挑三拣四的时候，你可以静下心来，感受一下他/她的深层次需求，可以特别关注一下他/她内心深处那个更加柔嫩、更加年轻的自我。这样，当你能够更加全面地了解来龙去脉的时候，可能就会减轻他/她给你带来的挫败感和愤怒感了。当你有这种转变的时候，他/她也能感受到，也会乐于你的这种转变，并会因此而对他/她自己有更多的了解。

要记住一点：移情能力并不是要双方达成一致，或者同意对方的观点。你可以用移情能力去理解对方，但并不一定完全按照对方的需求去做事情。移情能力并不意味着你要放弃你自己的权益，清楚这一点，可以消除施展移情能力的心理负担。

在进行训练的时候，移情能力可以让我们看清我们之间是如何联系在一起的。它充满静观和新奇，让你不会局限于自己的观点而不能自拔。

移情能力可以让你的行为更具美德，因为在施展移情能力的时候，你要保持对他人的关注，这会抑制你下意识地做出防卫性或者攻击性的反应。移情能力有着避免伤害的内在本质，缺乏移情能力常常会让和你接触的人心烦意乱，甚至让你无意识地伤害到他人。移情能力本质上是慷慨的，当你施展它的时候，就表明你有被他人打动的主观意愿。

脆弱的移情能力

移情能力虽然能够带来很多好处，移情能力本身却很脆弱。大多数情况下，一旦爆发冲突，移情能力就会立刻消失。在很多长期关系里，移情能力也会随时间的推移而慢慢消退。而且不幸的是，移情能力如果不能正常发挥作用，人与人之间的信任就会被慢慢磨损，人际关系中的问题会变得难以解决。你可以回想一下，那些你被他人误解的日子，或者更严重一点，那些别人根本就不想去理解你的日子，就会知道当移情能力消失的时候会发生什么了。

移情能力的衰竭会带来严重的问题，人越脆弱，风险越大，移情能力的衰竭所带来的冲击就越猛烈。比如，儿童的监护人如果不能给予儿童足够的移情能力，这个儿童就会产生不安全的依附感。往大里说，移情能力的衰竭是这个世界上剥削、偏见和残酷暴行的根源。恨之狼是没有任何移情能力的。

按步骤提高移情能力，你的人际关系会更好

你的天性中就有移情能力，你可以有意识地让它展示出来，技巧性地使用它、加强它。

1、设定舞台

要提高移情能力，首先要在主观意愿上希望自己具有移情能力。比如，当我发现我妻子想要和我进行那种谈话的时候——我的意思是说，她可能对什么事不满，甚至可能对我不满——我可以先花几秒钟时间来提醒我自己移移情。别犯懒，这个步骤会激活你的前额叶大脑皮层，让你正视目前的局面，明白自己想要干什么，提升与移情能力相关的神经网络的优先级。同时，边缘系统也会提前预热，从而让你整个大脑指向移情能力带来的奖励。

然后，放松你的身体，放松你的意识，向对方敞开你的心扉，对待他/她就像对待你自己一样。可以运用下一部分里讲到的方法，尽量加大自己的安全感，从而能够完全接受对方。提醒你自己，无论对方在想些什么，这些想法都在那头，而你在这头，你是在感受那边的想法和感觉，你依然是和这些想法、感觉分开的。

保持对对方的关注，和他/她的心在一起。维持这种关注非同寻

常，察觉到这一点，会让对方很开心。要时刻监控你的意识，确保你这种关注是连续的。这会激活你的前扣带大脑皮层，前扣带大脑皮层会关注你的关注本身。从某种程度上说，移情能力本身和静观冥想差不多，只不过后者是关注自身的内在世界，而前者是关注他人的内在世界。

2、观察对方的行为

仔细观察对方的动作、姿态、手势和行为。（这种观察的重点在于激活你大脑的感知-运动镜像系统，而不是分析他的肢体语言。）想象自己在做这些动作，想象一下自己做这些动作会有什么感觉。如果不唐突的话，你可以真实演练一下，看看到底是什么感觉。

3、感受对方的感觉

调整调整自己，感受一下自己的呼吸、自己的身体，还有自己的情绪。这样可以激活你的脑岛，让它准备好感受对方。

近距离注视对方的脸和眼睛。人类面部的感情表达方式全都是一样的，这种表情往往转瞬即逝，但只要你注意力足够集中，就能把握住。这就是所谓"眼睛是心灵的窗户"的生理基础。放松，让你的身体自然而然地和对方的情绪发生共振。

4、跟踪对方的想法

主动想象对方在想些什么，需要什么。想象在对方的外表之下正在进行着什么，会把这个人推向什么方向。综合考虑你已知的情况，并进行合理猜测，比如个人历史，儿童时期经历、气质、个性、"敏感点"、他/她生活中近期发生的事件、他/她和你的关系等，考虑一下这些都会造成什么后果。同时考虑一下你刚刚体会到的他/她的行为和情绪。然后再问问自己，他/她内心深处到底是什么感觉，什么对他/她来说最重要，他/她想从我这里得到什么。这个时候，要谦虚一点，不知道就是不知道，不要盲目得出结论。

5、检查一下

最后，如果可以的话，你可以和对方一起，回头检查一下你所感受到的这些是否真实。比如，你可以说：

"听起来你好像感觉_____，是不是？"

或者，"我不是很肯定，不过我觉得你_____。"

或者，"看起来___让你烦得很啊。你是不是需要___？"

这个时候要小心一点，千万不要用争辩或者审查的语气来陈述你的观点。你可以说："我现在知道了，上次我们去亲戚家的时候，你可能想让我更多地关注你，我没这样做让你很不开心。我想我现在明白这一点了，非常抱歉。以后这方面我会做得更好的。（这个时候停一停。）不过，你是知道的，当时你和苏阿姨一直在聊天，而且看起来挺开心的，并没有告诉我你想要让我把注意力集中在你身上。如果当时你直接告诉我你需要什么，那就皆大欢喜了——因为关注你正是我当时想做的事。"

6、接受别人对你的移情能力

当你想要接受别人的移情能力时，记住，只有当你是"可以被感受"的，你才可能得到别人的移情能力。开放些、直白些、诚实些。

你也可以直接索要别人的移情能力，记住，很多时候对方可能根本就没有意识到，接受别人的移情能力对你来说是多么的重要（实际上这对其他人也一样重要）。所以你要明确地说，你需要它。如果你能明确地说明你所需要的只是移情能力，而不是强求别人和你一致，或者同意你的观点。当你感觉到那个人已经明白你到底是怎么回事的时候，移情过程就完成了。这个结果，至少可以让你把被他人所理解的感觉深埋在自己的内隐记忆中。

和别人亲密接触，4种方法就够了

移情能力会让你打开心扉，向其他人展示，这会自然而然地拉近你和其他人的距离。

尽可能地发展你的移情能力吧，你需要让亲密关系感觉起来更舒适。这其实挺有挑战性，在我们人类进化的历史上，和其他人相遇会带来很多风险，而且，亲密关系经常会带来很多心理问题，特别是在儿童时期。有时关系太接近，反而会让人感觉有些放不开。下面这些方法会帮助你在和他人保持深入关系的同时，感觉更加安全，从而更容易放得开。

关注你的内在体验

目前的研究表明，在大脑的中部和下部区域可能有一个中央神经网络进化出了一种能力，可以整合多种社交-情感功能。重要的社交关系，特别是这种关系所携带的情感，可以激活这个网络。当所有的信息流过这个神经网络的时候，你会感到像被洪水冲刷了一般，这在一定程度上取决于你的性格（对某些人而言，比其他人更容易受到社交关系的影响）。这个时候，你最好更多地关注你自己的体验，而不是其他人。比如感受你的吸气、呼气，或者摆动你的脚趾看看什么感觉。在保持你们情感上亲密关系的同时，注意观察你对这种美好感觉本身是什么感觉、什么态度。这可以减少关系过于亲密所带来的威胁感，从而激发你对这种感情的回应。

关注你的意识本身

关注你的意识本身，把你的意识和其他人给你带来的感觉区分开来，就是纯粹地观察你自己意识到了什么，探索你的意识本身是什么感觉。

运用图景想象能力

进行图景想象可以激活你大脑的右半球。比如，当你遇到某人极为强烈的追求时，你可以想象自己是一棵根深叶茂的大树。这个人强烈的态度和情绪就像大风吹过枝叶，但风总会停，树始终会屹立不倒。或者想象你和他/她之间有一堵篱笆墙——虽然大家可以隔着墙聊天，但是你不邀请他/她，他/她就进不来。或者更进一步，想象你们之间有一堵玻璃墙，半尺厚，大家能看到却不能摸。这种特定的图景想象，除了能在形象上给你带来安全感之外，也能通过刺激大脑右半球让你更加关注事物的整体感觉，而不会局限于亲密关系所带来的不适感。

静观你的内在世界

如果你小的时候缺乏移情能力的滋养，也是可以弥补的，这就是静观。不论你是和别人在一起也好，自己独处也好，对自己内在世界的静观都会对你有所帮助。从本质上说，对自身关注的静观行为所激活的大脑神经回路，和儿童时期被他人关注和关爱所激活的神经回路是一样的。所以，静观锻炼就是在此时此地赋予你那些在儿童时期就应该得到的东西。只要持之以恒，经常进行这样的锻炼，让它浸润你的身心，就可以让你在和其他人保持密切关系的时候感觉更加安全。

每天同情5种人，你将会很快乐

> 每天努力对这五种人施以同情心：一个你感激的人（恩人），一个心爱的人或者朋友，一个你没什么感觉的人，一个和你很难相处的人，最后，还包括你自己。

有意识地培养自己的同情心，可以有效刺激和加强相应的神经基础，包括你的前扣带大脑皮层和脑岛。方法很简单，首先，回想和爱你的人在一起时的感觉，唤醒内心感激和钟爱的情绪。然后，运用自己的移情能力去体验一下那些遭遇苦难的人的感觉，向他们的痛苦敞开自己的心扉，让同情和美好的祝愿自然而然地涌现在心田。（在实际锻炼的时候，这两步要一起来，而不是一个接一个地来。）

然后，在你的意识深处许下祝愿，可以是一字一句直白明晰地祝

每天诚心感谢这五种人，你就会很快乐。

福，比如愿你不再痛苦，愿你安息，愿你早日安康等。当然也可以在心中默默表达你充满同情心的感觉和祝福。

你也可以在冥想的过程中锻炼同情心。冥想开始的时候，先把注意力集中在一些充满同情心的词句上。随着冥想的不断深入，逐渐让同情的感觉超越那些文字，浸润你的身心，让它充满你的心灵，充满你的胸膛，充满你的全身，越来越强烈，越来越引人入胜。你会感觉内心的同情心过于充盈，都开始溢出，像光芒一样以你为中心向外放射，前后、左右、上下，向所有的方向放射。

不论这种同情心的感觉多么强烈，也不论这种锻炼到了哪个阶段，你要始终保持对这种感觉的静观状态，并用心吸收这种感觉。牢记这种感觉，尽量做到以后可以随时随地重新进入这种充满爱心的精神状态。

有时你可能在路边看到一个陌生人（也就是你没什么感觉的人），快速感觉一下他/她，然后默默给予同情。你也可以对动物或者植物报以同情，或者某些群体（比如儿童、病人等）。同情心可以施加给任何人。

对那些和你相处困难的人施以同情确实很难，不过你只要想一想，大家都同样在遭受着痛苦，给予同情就不会那么困难了。只要你明白所有的事物都是互相关联的，上游的诸多因素是如何不可抗拒地推动着我们每个人，同情心就会自然而然地生发出来。佛教徒们则把同情心想象成在智慧的莲花中心休憩的珠宝，而智慧的莲花则是关怀心和洞见力的集合体。

做正确的事，按自己的道德标准生活

当我们面对朋友、同事、爱人或者家庭成员时，要做到直心是需要技巧的。时刻倾听你的头脑，也倾听你的心灵，你就会找到属于你自己的道德标准。

在本章的开头，我们提过直心。所谓直心，就是有什么说什么，处理人际关系时追逐自己的目标。不过从我个人的经验看来，直心也是有技巧的，需要单方面的自我道德约束以及有效的沟通。

作为一个临床心理医生，我见过很多有问题的夫妇，两个人都说了句一模一样的话：你对我好，我才会对你好。这样的夫妇感情注定没法长久——虽然他们谁都不希望看到这一点——原因就在于，他们彼此都让对方来决定自己的行为。

"道德"这个词听起来很空洞，但实际上它是实实在在的。它意味着你秉承内在的良知，有原则地生活。如果你是个有道德的人，那么无论其他人做了什么，他们的行为都不会控制你。

另一方面，当你单方面对自己进行道德约束的时候，不论别人是否配合，实际上你都会自发地以自身的良知来指导行为。这种做好人的感觉非常好，不会内疚，也不会懊悔。用道德单方面约束自己的行为，能够避免和他人的纠葛，从而减少你意识中负面的影响，帮助滋养内在的安宁。这样做能增加别人反过来善待你的机会，也可以提升你本身的道德水平。

做正确的事对你的头脑和心灵都有影响。你的前额叶大脑皮层（也就是"头脑"）决定价值观，制订计划，并负责对大脑的其他部分进行指导。当你做正确的事遇到困难时，边缘系统（"心灵"）会赋予你内在的心灵力量，并对那些源自你内心深处的美德，比如勇气、慷慨和宽恕等，提供支持。

如前所述，大脑的约束功能会对意识中的道德提供支持。无论是道德还是约束，这两个过程本质上都是在你的核心价值观周围建立平衡。如果有变动，那就缓慢流畅地发生，而不是唐突地，或者混乱地发生。我们可以运用天性中健康的道德感，从自己的内在寻找这种平衡。这样你就可以找到属于你自己的"道德编码"了。

按标准行事，人际关系变简单

在生活中，有一个自己的核心，并且严格按照自己的道德标准来行事，不越线，有技巧地事前多思考，很多事情都会简单得多。

首先，明确你的核心价值观。你在处理你自身的人际关系时，目标是什么？原则又是什么？比如，一个基本的道德准则就是不要伤害其他人，也不要伤害你自己。如果在人际关系里你的需求没有办法被满足，那这就是你被伤害了。如果你反过来卑鄙下流一回，或者报复了别人，那就是伤害了其他人。另一个潜在的核心价值观可能是不断去发现真相，包括你自己的和其他人的。

其次，不越线。佛教八正道中的"正语言"对不越线的沟通方式进行了说明：只说那些具有良好意图的、真实的、有益的、适时的、不带糟粕或者恶意的，最好是对方想听的话。很多年前，我给自己立了个规矩，绝对不说气话，绝不带着愤怒做事。结果立规矩的当天我就违反了很多次，原因无外乎是别人对我发火、讽刺、翻白眼或者嗤之以鼻等。不过时间一长，这种锻炼的威力就显现出来了，这种态度慢慢深入我的骨髓里。

这种不越线的原则，可以让一个人在和他人互动的时候放慢节奏，以避免关键时刻火上浇油让事情更糟糕。还可以把那些让自己愤怒的事（比如伤害、担忧、内疚等）暂时放在一边，专心做真正重要的事。这种感觉很好：对自己的一切尽在掌握中，局势紧张时不会因为你自己下意识的反应而让局面变得雪上加霜。当然，这种不越线的原则也适用于其他人。如果有人对你越了线，比如，对你毫不尊重，或者当你明确表示你不喜欢他对你大声嚷嚷时他还依然故我，这时你和他的关系就已经越过了平衡线。按照你自己的道德编码，你可以得出结论，不能继续忍受下去。

再次，让变动尽量缓慢流畅。心理医生约翰·高特曼在1995年的一系列研究表明，在和他人谈论一个有可能让他/她心烦意乱的话题时，一步一步慢慢来非常有价值。据我所知，这种做法远比那种找上门去直截了当火力全开地批评你的伴侣要好得多。快速、突然的行为会触发他人交感神经/下丘脑-垂体-性腺轴系统的警报，这会严重动摇两人之间的社交关系，就像用棍子尖去戳睡着的猫一样。有技巧性地一步步来，能有效避免在乱石滩上摔跟头。具体来说，当你要开始这类爆炸性话题时，可以先问问对方这是不是个好时机，或者当你想结束谈话时不要立刻就草草收场，把对方打发了事。

写一份处理人际关系的道德标准给自己

写完之后，想象一下自己按照这些文字做的时候都会发生些什么。想象一下这么做之后会带来什么样美好的感觉和美好的回报。

现在，可以把你处理人际关系时对双方进行约束的道德标准写出来。字数不需要很多。当然你也可以写得更详细一些，把能怎么样和不能怎么样都写出来。形式是什么样的无所谓，关键是要用语言把其中的力量和驱动力体现出来，让它打动你的头脑，触动你的心灵。没必要写得那么完美，如果有不合适的地方，过后可以更改。比如，这份个人标准里可以包括下面这些文字：

- 要多听，少说。
- 不要大吼大叫威胁别人，也不能允许别人这样对待你。
- 每天，都要连续问我妻子三个问题，问问她这一天是不是顺利。

- 每天晚上要六点以前回家和家人一起吃晚饭。
- 要说那些自己需要说的话。
- 要有爱。
- 要一诺千金。

写完之后，想象一下自己按照这些文字做的时候都会发生些什么。想象一下这么做之后会带来什么样美好的感觉和美好的回报。吸收这些美好，让它们帮助你真正地按照你的这份标准生活。然后，当你真的做到了，让一切都按照预期走上了正轨，就再次把这种美好的感觉吸收进来。

掌握有效的沟通法则，轻松交朋友

很多事情的发生并非是永久性的，要看清楚造成这种局面的各种内在原因和外在原因，掌握有效的沟通方式，往往事半功倍。

除了善于利用移情能力外，掌握有效的沟通法则也会有益于你的人际交往。作为一个有30多年工作经验的临床心理医师和管理顾问以及作为一个有过很多惨痛经验教训的丈夫和父亲，我认为以下几点非常关键。

沟通的时候要和你深层次的感觉和需求保持联系。
保持对你内在感觉和需求的静观，明确在这场互动中你的目标。

比如，你是只想找个好听众倾诉一下，还是想确保某件事情以后不会再发生？

承担起责任，确保这种人际关系能满足你的需求。

要把注意力集中在这次谈话能够得到什么上，不管这种奖励是给你的，还是给谈话的另一方，要始终朝着这个方向努力。如果另一方在这次谈话里有他/她关注的话题，那么在通常情况下最好一个一个来，一次只着重谈论一个话题，不要把几个话题纠缠在一起。

沟通的时候说出你的期许就好，不要特意追求对方的回应。

当然，既然是沟通，那你也肯定想让对方给你个好结果。但是如果你沟通是为了修复和对方的关系，或者说服、改变对方，那么这场沟通能否成功就取决于对方怎么回应你了，这一点你完全没有办法掌握。不但如此，只有在对方对这场谈话或者对你所追求的改变不感到压抑的情况下，才会乐于做出这种改变。

始终让你的个人道德标准指导你的谈话。

每天结束的时候，不论是你还是和你谈话的这个人，都记不住你们到底谈了什么，只能记住你们是怎么谈的。所以一定要注意你的语气，避免找碴儿和夸张，更不要有煽动性。

当你说话的时候，尽量重现你的经历体验，特别是你的情绪、身体方面的感觉以及这些信息代表的希望和愿景。

不要过多谈论具体的事，比如对方的行为以及你对这种行为的看法等等。在你自身的经历体验方面，没人会跟你争论对错。你的经历就是你自己的经历，这方面只有你自己才是专家。在和其他人分享你的经历和体验时，说话要负责任，注意不要直接或者间接地批评对方。遇到自己有这种冲动的时候，你可以思考一下在这种批评的背后，是不是潜藏着自己的某种渴望，把这种渴望用恰当的方式表达出来。比如，如果你嫉妒，那应该表达的就是你对爱的渴望。尽管这种直白常常会让对方惊讶莫名，甚至惊恐，但这种深层次的直白表达所涵盖的东西往往对你们两个人都是至关重要的。这个层次的表达往往具有普适性，而且相对来说不具有威胁性，因此对方面对时就有可能会解除自身的防卫心理，去倾听你一定要说的东西。

当你在叙述经历和体验的时候，可以同时回想你的这段体验，把注意力集中在当时的主观感受上。

这可以增加你内在的专注程度，可能更容易激发对方的移情能力。如果发现你的眼睛、喉咙、胸腔、肚子、髋骨有紧张感，就尝试着去放松，这种放松能够帮助你更顺畅地回想和叙述你的经历和体验。

要学会用特定的姿态表达自己的情绪。

这类姿态完全不同于平常状态下的正常姿态，用它们来展示特定的感觉和态度会帮助你将情绪顺畅地表达出来。比如，如果你对对方的观点有所保留，不妨在说话的时候身体稍微前倾；如果你想要摆脱哀伤，可以放松你的眼睛；如果你发现自己没办法坦率地表达自己，可以尝试活动活动肩膀，从而打开你的胸腔，这样会降低情感表达的障碍。

如果你觉得在互动的过程中你被对方牵着鼻子走了，你可以尝试活跃一下大脑，帮助你摆脱困境。

这种方法其实是个非常有趣的循环激励过程——你帮助前额叶大脑皮层，前额叶大脑皮层会反过来帮助你。你需要做的就是把你自己想要表达的关键点都提前罗列出来，甚至是直接写出来。注意不要有脏字，语气也要保持平和，想象互动的场景，一步步来，这样一旦这个场景真的出现了，你也不会退缩。

如果你和别人谈话是为了一起解决某个问题，那么最好是（尽你所能）罗列事实。

这种方法通常能够调和你们之间的不同观点，带来有价值的信息。另外很重要的就是，要更多地着眼于未来，而不是过去。大多数争吵都是关于过去：发生了什么事，事情有多糟糕，谁说了什么，是怎么说的，客观条件如何情有可原等。所以不要说这些，而要强调从现在开始大家都同意应该怎么样。尽可能清晰地表达这一点，如果有必要，甚至可以提前写出来。这样，就能"润物细无声"地让双方达成共识，并像工作中的承诺一样去遵守。

尽最大可能承担起责任来，把对方的事当回事。

有矛盾的时候，先看看自己这边有什么需要改正的，有的话就单方面改正——哪怕每次都是对方把事情搞砸，你也要先做好自己这边的事。这样就可以一个一个消除他/她合理的抱怨。当然也可以主动去对他/她的行为施加影响，但关键还是在于让你自身值得尊敬、充满爱心和富于技巧。这并非一条寻常的路，但肯定是一条明智而友善的路。你不能控制他/她怎么对待你，但你能够控制自己怎么对待他/她，这才是你所能改变的部分，也只有从这里入手，你才能改善双方的关系。无论他/她的行为是怎么样的，你都始终做正确的事，这样才能鼓励他/她也对你好。

给彼此一些时间。

随着时间的流逝，几个星期或者几个月，肯定用不了几年，对方到底是怎么回事就会变得更加清晰。比如：他/她是否尊重你的隐私？他/她是否遵守承诺？他/她能消除彼此的误解吗？他/她有自知之明吗？学习人际交往技巧的情况如何（和你们之间的关系是否匹配）？从他/她的所作所为来看，他/她的真实意图到底是什么？

当你能够看清这个人的时候，你就会明白，你们之间的关系需要进行调整，以便让你能够依靠。

这有两种可能性：当人际关系本身比这份人际关系的基础要大很多的时候，通常会带来失望和伤害，而如果这个人际关系本身比基础要小很多的时候，则通常会让你丧失机会。不管是哪种情况，关注你自己的主动尝试，特别是在你努力试图改变对方之后。

比如，当你的同事总是对你表示蔑视而你又无法阻止时，你就应该让你们之间的关系萎缩一下，只有这样，你们之间的关系才能和这种关系的基础大小相匹配。具体来说，你应该减少和他的接触，自己做一份漂亮的工作出来，和其他的同事订立同盟，并将你工作成果的优异之处广为展示。

反过来讲，如果这份人际关系的基础非常大，比如在你的婚姻里，你们夫妇俩彼此非常深爱——这就是基础大——但是你的配偶并不知道如何向你展示这种关爱，这时候你就应该主动让这份关系成长一下。具体来讲，就是在他/她用他/她的行为表达关爱时多关注一些，让它浸润你的内心，主动把他/她拉到一个充满温暖和快乐的氛围里（比如和朋友一起晚餐，一起劲歌劲舞一把，或者一起加入一个冥想锻炼团队等），或者干脆自己给自己多一点关爱。

在进行上述行为时要以大局为重，眼光要长远。

要明白很多事情的发生并非永久性的，要看清楚造成这种局面的各种内在原因和外在原因。要明白，当你坚持自己的欲望和观点或者感情用事的时候，会造成更多的间接伤害，也就是我们所说的痛苦感觉。随着时间的推移，我们会发现绝大部分我们和其他人争论的东西都没什么要紧。

不论如何，都应尝试去保有内心纯真的同情心和爱心。

当你被人们严酷对待的时候，你可以同时把这些人放在你柔软的内心深处。

用脑就像磨刀，越磨越快

■ 你的神经回路结构其实在你还在娘胎里的时候就开始发育了，而且会不断发育、不断变化，直到你咽下最后一口气。

■ 在地球上的所有动物中，人类的婴幼儿时期是最长的。因为孩子在野外非常容易受伤害，因此就相应地进化出了一个持续时间很长的大脑快速发展时期，以作为补偿。当然，婴幼儿时期过去后人一样是可以学习的，虽然我们慢慢老去，我们始终是能够学习新的技能和知识的。（我父亲90多岁了，还能撰文为桥牌下注问题求最优解，惊得我下巴都快掉了；类似的例子还有很多。）

■ 大脑的学习能力，或者说它改变自身内部的能力，我们称之为神经可塑性。通常说来改变总是一点一滴缓慢累积的，日积月累下神经结构就完全变了。有的时候这种改变极富戏剧性，比如，盲人的视觉信号处理区域——大脑枕叶——就能被改造成专门处理听觉信号。

■ 精神行为能够从多方面塑造你的神经结构：

● 特别活跃的神经元对刺激的反应程度更高。

● 忙碌的神经结构能够获得更多的血液输送，从而能够得到更多的葡萄糖和氧气供应。

● 当多个神经元在几毫秒的时间内一起启动时，它们之间固有的神经联结会得到强化，新的神经联结更容易形成，这其实也就是众多神经元联结在一起的具体原因。

● 不活跃的神经末梢会通过神经元修剪机制逐渐萎缩，这其实也是一种优胜劣汰机制：要不然就用得勤，要不然就扔掉。一个蹒跚学步的孩子大脑里的神经末梢数量大约是一个成年人的3倍，在成长的过程中，青春期的孩子仅在前额叶大脑皮层上每秒钟就会消失近1万个神经末梢。

● 海马体能够产生新的神经元，这种神经形成机制能够增加你记忆系统的开放程度，让你能够保持学习能力。

■ 高昂的情绪状态能够帮助你进行学习，因为这样可以增强神经的兴奋程度，使得新形成的神经联结结构更容易固化。

当你的大脑用上述方式改变其自身神经结构的时候，改变往往都不是在一瞬间冲击性地爆发的，而是长期地、缓慢地对大脑生理组织进行改造。这将会对你的幸福感、能力和人际关系造成影响。从科学角度讲，这会从根本上让你对自己更加友好，并学会吸收美好的事物。

第八章

善意回归冥想法·无限扩大交际圈

善意回归冥想法

你是否每天都挤在地铁门前，想要第一个冲进车厢抢占有利位置？

你是否在静下心后发现，自私、利己的想法已经取代了原本的善良、助人？

你是否发现自己已失去了爱的能力，永远在防备着他人？

地铁上、公交上、马路上，是一张张漠然的脸，我们越来越不知道关怀、爱、谦让是何物。物质生活的丰富并没有让我们越来越快乐，反而抑郁症、自杀、纷争充斥，并占据上风。

现在试一下善意回归冥想法，这是一种进阶的冥想训练法。你会感到身心充满着爱和善意，甚至辐射到周围影响他人，让大家都沉浸在爱的美好氛围中。善良、大度、乐于奉献，这些美好的品质都会成为你的力量。

试着按下面步骤练习"善意回归冥想法"。

1. 做几个深呼吸，让自己放松下来。呼吸一次比一次更深，每一次都比上一次吸进更多的空气。

2.　把意识集中在心脏部位感受自己的呼吸，然后回想和某个你爱的人在一起的感觉。

保持这种爱的感觉。感觉这份爱随着呼吸的节奏流过你的心田，感受这份爱所拥有的生命力，感受这种生命力流过你的心田，这时它已经是一份纯粹的爱，不再特定地针对某个具体的人了。

3.　现在把这种爱的感觉指向一个生活中你熟识的人，可以是你的朋友，也可以是你的家人。感受这份慷慨大方的爱的善意，随着呼吸的节奏流过你的心田。

4.　感受这份爱的善意不断扩展它的范围，让它把很多你认识但并不是很熟的人都包括进来。祝福他们更加快乐，祝福他们没有痛苦，祝福他们拥有真正的幸福。

你可以把这份爱的善意想象成一道光芒，或者一股暖意，或者一汪春水，随着波浪不断地向远方拓展，把越来越多的人包容进来。

5.　感受你这种爱的善意不断扩张，甚至触及那些和你有矛盾的人。这份爱的善意有着自己的生命和力量。这份爱的善意自己很清楚，是因为很多其他的因素影响了这些人，才使得这些人去找你的麻烦。即便是那些虐待了你的人们，你也祝福他们都没有痛苦，祝愿他们也能获得真正的幸福。

6. 继续向外扩大这份爱的善意所拥有的宁静和力量，甚至包容了那些你仅仅知道名字却从没有亲身接触过的人。感觉这份爱的善意已经包容了你的国家中的所有人，不论你是否同意他们的观点，也不论你是否喜欢他们。

7. 然后再花几分钟让这份爱的善意继续蔓延，让它包容下地球上的所有人，对那些欢笑的人施予爱的善意，对那些哭喊的人施予爱的善意，对那些结婚的人施予爱的善意，对那些正在照顾生病的子女或者双亲的人施予善意，对那些忧心忡忡的人施予善意，对那些刚刚出生的人施予善意，对那些正在死去的人施予善意……

8. 随着呼吸的节奏，你的爱的善意舒适地流动着，扩展到这个地球上的所有生命。祝愿它们都能平平安安。祝愿所有的动物，在水里的，在陆地上的，在天空中的，愿它们都能健康、自在。祝愿所有的植物都能健康、自在。祝愿所有的微生物，阿米巴虫，细菌，甚至是病毒，愿它们都能自由自在地生活。

所以，所有这些生命都是"我们"。

所以，所有的儿童都是你自己的孩子。

所有的人都是你的亲人。

整个地球就是你的家。

如果说同情是希望对方不再遭受痛苦，那么善意就是希望他们能够幸福。同情心是在面对痛苦时才会被激发出来的，但是善意可以在任何时刻涌现，哪怕是在别人日子过得相当不错的情况下，你也一样能对他们释放出善意来。善意主要是通过一些日常的小事来表达的，比如给笔小费，给床上困倦的孩子再讲一个故事，或者在开车拥堵的时候示意他人先行。

　　善意和爱是一体两面，所以常常被并称为爱的善意。从顺手帮陌生人一把，到对自己孩子和爱人深沉的爱，都可以被归类为爱的善意。在英语里，善良"kind"和亲人"kin"有同样的词根；善意可以把其他人拉到"我们"这个圈子里，并滋养你心中的爱之狼。

　　支持善意的神经元素很多，包括前额叶大脑皮层的企图心和原则，边缘系统产生的情绪和奖励机制，催产素、内啡肽等神经化学物质以及脑干的唤起功能。通过调整这些元素，你可以用多种不同的方法培养你的善意，下面我们就具体看看怎么做。

爱他人也需要掌握细致的方法

直接默念带着美好祝愿的句子，这个世界上所有的欢乐都源于对他人幸福的期许，这个世界上所有的痛苦都源于只期许自己获得幸福。

我的工作对象很多都是儿童，因此我曾经在学校和幼儿园里花费了大量的时间。我真的很喜欢有一次在幼儿园里看到的标语："友好一点，和其他人分享你的玩具。"这种善意非常棒，对于普通人来讲，生活中释放出这种程度的善意就足够了。

你可以每天早晨都在内心构建起释放善意和爱心的意愿。想象一下当你用你的善意来对待他人的时候，会有什么感觉。然后把这种美好感觉当做对你的奖励吸收进去，这样就可以自然而然地牵引你的大脑朝充满善意的方向发展。

你可以通过传统的许愿方法来建立和表达充满善意的期许。你可以想，可以写，甚至可以唱出来：

> 愿你安全。
> 愿你健康。
> 愿你幸福。
> 愿你生活充满安逸。

内容你可以按照自己的想法进行调整，无论用什么，文字或别的，只要能够激起你内心的善意和爱心即可。比如：

> 愿你不受任何内在和外在威胁的伤害。
>
> 愿你的身体强壮而充满活力。
>
> 愿你真正找到安宁。
>
> 愿你和每个你爱的人幸福美满。
>
> 愿你安全、健康、幸福、安逸。

你的祝愿也可以具体一些：

> 愿你得到那个想要的工作。
>
> 苏珊，愿你的母亲能对你友善。
>
> 卡罗，愿你在少年棒球联赛上打个全垒打。
>
> 愿你和你女儿能和平相处。

训练爱的善意的方法，和训练同情心的方法有很多相似的地方。它同期许和感觉都有关系，爱的善意会调动你大脑中由前额叶大脑皮层掌管语言和企图心的神经网络以及由边缘系统掌管情感和奖励的神经网络。还会引导大脑进入定境状态，从而保持心灵的开放，尤其是在面对巨大痛苦或者挑衅的时候。善意是针对内心深处"我们"这个圈子里的每个人的，用传统的说法就是"什么都不会忽略掉"。你可以向下面这五种人表达你的善意：恩人、朋友、无关人士、难相处的人，还有你自己。

像同情一样，当你对某人表达善意的时候，你同时也是在为自己谋福。向他人表达善意的感觉是非常美妙的，而且这也会鼓励对方向你表达善意。

你甚至可以对你自己的一部分表达善意。比如，对自己内在的孩童天性表达善意，往往特别能打动人心，特别强有力。你也可以对你某些迫切想改变的品性，比如渴望得到他人关注、学习能力差，或者惧怕特定的环境等，表达你的善意。

让冥想帮助你释放善意

努力把自己稳定在充满爱心的善意之中，在这种善意里有着无边的美好意愿、慷慨和珍爱。

你可以单独就爱的善意进行冥想。实际上，善意本身就让人很温暖，比呼吸的感觉要丰富得多，所以对大多数人而言，这种专门的冥想更容易集中注意力。

有一种训练方法是直接默念带着美好祝愿的句子。你可以在脑海里一句接一句地把它们读出来，可以按照你呼吸的节奏来念。呼吸一次就念一句。或者你也可以把这些句子当做温柔的指引，一旦在冥想过程中有点走神，就让它们把你再带回来。与此同时，努力把自己稳定在这种充满爱心的善意之中，在这种善意里，有着无边的美好意愿、慷慨和珍爱。你可以运用这份爱的善意进一步集中你的精神：此时的冥想就不需要再把自己沉浸在呼吸当中，取而代之的是让你自己沉浸在爱的善意之中。同时，爱的善意也在向你的内心不断沉浸，渗入你的内隐记忆之中，把这些爱的丝线编织进你的生命之中。

当你要向那些"难以相处的人"表达你的善意时，通常都会面临挑战。你首先要做的，就是先平静下来，让自己进入定境，让你的意识空灵。然后就可以按照你自己的方法处理了，建议最好先从某个不是那么特别难相处的人开始，比如一个有点烦但其实有很多其他好品质的同事。

在日常生活中，你也可以一整天始终有意识地、主动地把善意带到你的行为、语言和绝大部分想法之中。尽量让你意识深处的模拟器上演带有善意主题的小电影。大脑在进行这种模拟的时候，带着善意的信息能够让相关的神经网络变得更火暴、更活跃，因此能够强化大脑中与善意相关的神经联结结构。

你也可以自己实验一下，在一个特定的时间段里持续向某个人表达善意，比如整个晚上向一个家庭成员表达善意，或者在某个会议上向一个同事表达善意，然后看看会发生什么。还可以尝试对自己友善一些，然后看看会怎样！

用善意，溶解你对他人的恶意

当别人对你好，或者至少不伤害你的时候，你对别人表达善意是相对容易的。当你被他人不公正地对待时，再去表达善意就非常有挑战性了。此时，你要驯服恨之狼。

在印度佛教经典《本生经》中，佛陀在他的前几世中是多种不同的动物，那个年月动物也是可以说话的。为了更好地说明佛教中无条件的爱的善意，我从中选取了一个佛陀是猩猩的故事。

有一天，一个猎人在森林里迷了路，掉进了一个深坑里爬不出来。他呼喊了很多天，始终没有人经过，又饥饿又虚弱。最后，佛陀，也就是那只猩猩听到了他的呼喊，跑了过来。猩猩发现这个坑的边缘又陡又滑，就对这个人说："为了能把你安全地从坑里拉上来，我得先用几块大石头，把它们当做你练习练习。"

猩猩就扔了一块大石头下去，然后再尝试把石头拉上来，猩猩用了很多块石头来练习，这些石头一块比一块大。最后，它觉得没有问题了，于是费尽力气，终于把猎人拉了上来。

猎人一看自己从坑里出来了，于是喜出望外。猩猩卧在旁边，喘着粗气。猎人说："谢谢你，猩猩。你能再帮我指条走出森林的路吗？"猩猩回答说："好啊，不过我得先睡一会儿，好恢复我的力气。"

猩猩睡着之后，猎人看着猩猩开始想："我现在非常饿。我自己也是可以找到路走出森林的。猩猩只是个动物而已。我可以用大石头砸它的脑袋，砸死它然后吃掉它。为什么不这样干呢？"

于是这个人就举起了一块大石头，能举多高就举多高，然后狠狠地砸在了猩猩的脑袋上。猩猩在痛苦的惊叫声中坐了起来，完全被打蒙了，血流如注。它看了看这个人，终于明白到底发生了什么事，于是双眼充满了泪水。它摇了摇头，悲痛地说："可怜的人啊，你现在永远也不会快乐了。"

上面的这个故事深深地打动了我。它给了我们很多值得思考的东西。

- 好意和恶意就是个意图的问题：只要是意愿，就有好有坏。猩猩意图给予帮助，而猎人意图杀戮。

- 意图可以通过动作来表达，也可以不通过动作来表达，语言、行动，特别是想法，都可以表达。当你发觉其他人在心里对你进行抨击，你是什么感觉？当你自己在心里抨击他人的时候，又是什么感觉？恶意会在你的头脑里上映很多小电影，这些充满怨言的小故事都是针对其他人的。记住：当这些小电影上映的时候，你大脑中的神经元就会联结在一起。

- 恶意总是找借口试图为自己正名的：这不过是只动物而已。在这个时刻，这种似是而非的借口好像都挺有道理的，只有过后才会发现我们其实就是在自欺欺人而已。

- 猩猩给予的爱的善意本身就是对它自身的奖赏。它没有被愤怒或者憎恨所俘获。当大石头砸来的疼痛袭来时，它没有更多的憎恨。

- 同样，猩猩也没必要再去报复。它知道这个人因为他自己的行为已经永远无法快乐了。有个作家把因果报应比喻成在浴室里打高尔夫球，一杆挥下去，高尔夫球弹来弹去，最后总会打在自己头上，挥杆挥得越狠，自己伤得就越重。

- 消除恶意，并不意味着被动、沉默，或者放任自己和他人受伤害。猩猩并没有被那个人吓倒，而且最后点明了事实的真相。面对他人的恶意时，在不屈服的前提下，还是有很大的空间可以用来讲述有力的事实和采取有效的行动。

化解心中之恨的18种方法

你有无数种方法可以驯服自己的恨之狼，拴牢它，同时也是在滋养你的爱之狼。

你可以有无数种方法培育好意、抛弃恶意。重点并不是每种方法你都需要尝试，而是要明白，你有很多不同的方法去驯服那条恨之狼，挑选适合自己的方法就行。

1、培养积极正面的情绪

总的来说，就是要滋养和发展自身积极正面的情绪，如幸福感、满足感和安宁感。比如，寻找那些能给你带来幸福感的事物，不论何时何地，尽可能吸收那些美好的感觉。积极正面的感觉会安抚你的身体，让你的意识平静，缓解你的紧张感，并鼓励良性的人际关系，所有这些都会帮助你消除恶意。

2、小心刺激情绪的雷区

要注意那些会刺激到交感神经系统的因素，比如紧张感、疼痛感、担忧，或者饥饿。这些因素都会导致恶意的产生，所以要尽早排雷。先吃饱饭再谈话，洗个热水澡，阅读一些鼓舞人心的读物，或者经常和朋友谈谈，这些方法都不错。

3、练习避免争吵

若非必要，尽量不要争论。保持自身意识的稳定，不要被其他人的意识流带着跑。当对方已经陷入逻辑混乱、言辞激烈的状态时，跟着他/她的步调只会让自己也无法保持思维的连贯性，同样陷入混乱之中。因为其他人混乱的想法而让自己心烦意乱，就和为瀑布的水花而烦心一样完全没有意义。这个时候要把你的想法和对方的想法截然分开。你可以告诉自己：他/她在那，我在这，他/她的意识和我的意识是分开的。

4、不要揣测他人的意图

不要去揣测他人的意图。大脑前额叶掌管推理意识的神经网络会经常揣测他人的意图，但在通常情况下结论都是错的。大多数时间里，我们都是在其他人主演的舞台剧里扮演着一个无关紧要的小角色，没人会特意针对你。道家先贤庄子曾经有个比喻：

> 想象你在河上的一条小船中休息，这时船突然翻了，你掉到了水里。当你湿漉漉地从水里爬出来的时候，发现是两个少年用芦苇秆做呼吸器从水下潜过来把船弄翻的。这时候你会感觉如何？
>
> 然后再想象同样的情形——小船，突然翻掉，掉进水里——不过这回当你从水里爬出来时，发现是一段烂在水里的大木头顺流而下撞翻了你的船。这时候你又会感觉如何？

对于大多数人而言，第二个场景感觉并不是特别糟糕：你掉到了水里，但是你并不会感到受伤害和愤怒。实际上，大多数人就像那段大木头一样，尽量让自己躲开他们，不要被撞到，如果没躲开，那也不是他们故意撞你的。这时候，你得多考虑考虑在河的上游，那些驱使他们必须冲下来的复杂因素。

5、对自己施以同情

当你感觉自己受到不公正对待时，要立即对自己施以同情，这是对你内心的紧急救护。把你的手放在面颊或者胸膛上，模拟以往自己受到他人同情的感觉经历。

6、调查触发恶意的原因

检查一下，到底是什么触发了你的恶意，比如，是受到威胁的感觉，还是警报响了？实事求是地分析，你是不是对发生的事有些夸大其辞？你是否在很多美好的事物当中过度关注了那个丑恶的负面？

7、全面看待问题

不论发生了什么，都要全面看待问题。大多数事件发生之后，都会随着时间慢慢被人们淡忘，其影响也会逐渐消退。这些事件往往只是大图景的一小部分，只要你全面看待问题，你就会发现，其实事物的大方向总是好的。

8、想象令你反感的事锻炼心胸

可以通过想象那些让自己不舒服的事来让自己心胸更加宽广。你可以想象一下让别人顺利拿到他们想要的东西，包括他们的成功、他们的金钱或者时间、他们占据了上风等。大方一点，要学会忍耐，学会有耐心。

9、把恶意视为自己的苦恼

通过把恶意看做你自己身上的苦恼，你就能倾向于把它扔掉了。恶意给人的感觉非常糟糕，而且对你的健康也有负面影响。比如，长期敌视他人，就会增高心血管疾病的发病率。恶意总是在伤害你自己，而且经常对那些你愤恨的对象们没有任何效果。就像一次戒酒会上有人说的一样：怨恨就是我喝下毒药，等着你死。

10、研究恶意的因果

你可以花一天的时间，仔细检查一下你经历过的哪怕最微小的恶意。看看它究竟是因为什么原因产生的，又会造成什么样的后果。

11、深入意识本身

深入意识的深处去观察恶意，只是客观地观察，不要和它混为一体，看看它是怎么产生的，又是怎么消失的。

12、接受伤痛

伤痛是生活的一部分，要接受这个事实。有时候人们就是会不公正地对待你，可能是意外，也可能是故意的。当然，这并不是说你赋予了别人伤害你的权利，或者不应该为自己挺身而出，主张自己的合法权益。你只是接受你已经被伤害了这个事实，让伤痛的感觉、愤怒的感觉和恐惧的感觉一起流过你的身体。直面这些东西，恶意自然就无所遁形。从心理学角度讲，为了躲开这些感觉和伤痛人才会产生恶意，直面它们就不会有恶意了。

13、放松自我的感觉

你可以试一下，当你遭到侮辱或者伤害的时候，完全放弃"我"这个概念的存在。我们会在第十章详细叙述。

14、用爱的善意去化解恶意

通常来说，爱的善意是对恶意最直接的解药，所以你可以用爱的善意去化解恶意。不论是对什么样的恶意都会有效果。佛经里对此有一个非常经典的描述："哪怕歹徒用锯子把你的四肢一个一个锯掉……你也应该这样告诫自己：'我们的意识不会受到影响，绝不会恶语相向；我们应该用充满爱的善意的心灵，对这些歹徒的福报施以同情，而不是去憎恨他们。'"

从个人角度讲，我还远没达到这种地步，但是我还是有可能在被虐待的时候依旧保持自己的爱心——如果是被那些本身就在残酷环境中长大的人虐待，那我就肯定能保持自己的爱心。然后当形势有所缓和的时候，我们可以重新站立起来，而不被彻底击倒。遭遇了交通事故，或者是被十几岁的小混混打劫，都属于这类情况。

15、坦率地沟通

在面对他人造成的困境时，有技巧地坦率一下，叙述真相，坚守自身的合理权益也是有帮助的。这个时候，你的恶意会告诉你一些信息，理解这种信息是一门艺术。可能对方不是一个真正的朋友，或者你需要明确你自身的权益，但无论如何，没有必要恼羞成怒。

16、坚信正义会得到伸张

在前面讲的那个猩猩的故事里，猩猩就相信那个猎人终会有一天为他所做的事付出代价。你自己是没有必要充当正义使者，代替司法系统伸张正义的，但你在心里要坚信正义终会得到伸张。

17、不要妄图在愤怒中给别人上课

你要清楚，无论你怎么努力，有些人永远也学不会吸取经验教训。所以为什么还要给自己找麻烦，徒劳地好为人师呢？

18、宽恕

宽恕并不意味着改变你的观点，把错的当成对的。但它的确意味着把别人犯下错误所带来的负面情绪释放掉。宽恕别人的最大受益者其实恰恰是你自己。

画一个圈子，圈住整个世界

扩大"我们"这个圈子，把"他们"都放进来，多关注共同点。

我们的天性中都有一种古老的倾向，喜欢画一个圆圈，把"我们"放在圈里，而把"他们"隔离在圈外，并只对圈里的生命释放我们的爱心。这显然不利于个人灵智的成长，所以我们必须培养扩大这个圈子的习惯——最好是把圈子扩展得能够容纳整个世界。

把爱和善意扩展开来，你的冥想境界就会更了不起。

关注"我们"和"他们"的共同点

"我们"这个概念其实就涵盖了整个世界，所有人、所有生命都是你的家人，需要你的爱。

要多注意自己下意识将别人分门别类的行为（比如将人按照性别、种族、宗教信仰、性取向、政治倾向和国籍等分类），这类行为往往把和自己不是一个类别的人视为其他人。要试着去多关注"我们"和"他们"的共同点，而不是不同点。要认识到任何事物都是和其他事物直接或间接联系在一起的，"我们"这个概念其实涵盖了整个世界。从深层次角度讲，这个星球就是你的家园，在其中生活的人都是广义上你的家人。要有意识地，在精神层次上把自己和常被你视为非同类的人看做同一类别。比如，当你看到一个坐轮椅的人时，你应该多想一想，在某种程度上说我们每个人都会在不同的方面有残疾和缺陷。

要特别注意在进行价值判断时下意识地过高评判自身所在团体而贬低其他团体的倾向性。要注意，自己在做这件事的时候，是不是经常不那么理性。要清楚地认识到，自己是不是经常下意识地认定其他人没有你自己这么有价值，对于你的"我"而言，其他人仅仅是个"他"。要多观察、多发现其他团体成员的优秀品质。要更多地把人视为一个个的个体，而不是他们所在团体的代表，这样会减少你对他人的偏见。

降低你对威胁感的敏感度

注意不要总去关注那些受到威胁的感觉。在进化过程中，我们祖先所面对的环境比现在恶劣得多，所以人类进化得对外界威胁有些过于敏感。事实上我们现在所处的环境完全没有那么多威胁。在现实中，哪有那么多人会有意识地去伤害你呢？

寻求双赢

努力寻找和其他团体的人进行合作的机会，比如互相分享幼儿看护的资源、开展商业合作等。当人们为了自身福祉而互相依靠对方的时候，必然会感觉对方值得依赖和受人尊重。这样的合作双方是很难视彼此为仇敌的。

将对"我们"的关心复制到"他们"身上

多想想，如此多的人每天都在忍受着痛苦。也多想想，如果这些人是你自己的子女会怎么样。这么做可以借助你内在呵护孩童的天性激发你内心的温情和善意。

回忆爱你的人陪伴在身边的感觉，这可以激发你对他人的关心。然后，可以专心回想某个在"我们"这个圈子里被你真正关心的人，随后再试着把这种关心转移到"他们"身上。然后，你就可以扩展心中"我们"的这个圈子，把整个星球上的生命都涵盖进来。你还可以借助本章前面讲的冥想方法，进一步扩大"我们"的圈子。

大脑里的神经化学物质

一些在你脑中的重要化学物质影响着大脑的神经活动，它们有很多功能，下面我们列出与本书内容有关的一些物质。

■ 首要神经传递介质

● 谷氨酸——向接收信号的神经元发出启动指令。

● γ-氨基丁酸（GABA）——向接收信号的神经元发出终止指令。

■ 神经调节物质

这些物质有时候也被认为是神经传递介质，它们会对上述首选神经传递介质产生影响。其影响范围在大脑内比较广，所以很强大。

● 血清素——可以调节情绪、睡眠和消化，因其强效功能可作为抗抑郁药物使用。

● 多巴胺——和大脑的奖励机制以及注意力有关，可用于加强对特定事物的兴趣。

● 肾上腺素——发出警报以及唤醒。

● 乙酰胆碱——提升清醒程度和学习能力。

■ 神经肽

这些神经调节物质都由肽类物质构成。肽是一种特殊的有机物质，也被称为缩氨酸。

- 阿片肽——有舒缓情绪紧张、抚慰和镇痛的作用，还能提供类似于"跑步者的快感"的愉悦情绪。内啡肽就是阿片肽的一种。

- 催产素——能够提升父母对子女的关爱之情，并能加强夫妇间的情感；会伴随排他性的幸福感以及爱；女性分泌的比男性多。

- 血管升压素——维系配偶关系；在男性体内会增加其对性关系竞争者的攻击性。

■ 其他神经化学物质

- 皮质醇——在紧张情况下会由肾上腺分泌，会提高杏仁核的活性，抑制海马体。

- 雌激素——男性和女性的大脑中都有雌激素受体；雌激素会影响性欲、情绪和记忆。

第九章

专注冥想法·强化你的注意力

专注冥想法

你是否会为一点小事分心，很难集中注意力，或者即使集中了也很快就会走神？

你是否在工作中提不起精神，不时地打哈欠、犯困，而休息时又生龙活虎、精力充沛？

你是否总是同时处理多项任务，在没有完成的情况下，又急着抓起另一项？

良好的注意力是我们最有利的武器，无论在工作中、学习中还是生活中，都能让你事半功倍，精力和时间都得以节省。

只是如今，我们都渐渐忘记该如何使用注意力了，下面的冥想法可以帮你解决这一问题。在进行其他冥想训练时，这个方法也能使你进入深层次的冥想状态。

试着按下面步骤练习"专注冥想法"。

1. 摆个舒服点的姿势，让自己既能放松，也能保持机敏。闭上眼睛，也可以睁开，盯着你面前半米之外的地面。

升起一股进行冥想的企图心，可以是用语言描述对自己说，也可以是无言地驱动自己进行冥想。

2. 把注意力集中在呼吸上，放松下来。深深地吸一口气，然后再彻底地呼出来，感觉各种紧张感都离你而去。感受呼吸所带来的各种内在感觉，凉爽的空气吸进来，温润的空气呼出去。胸腔和肚子鼓起来，再瘪下去。在整个冥想过程中都注意呼吸的感觉，让呼吸的感觉成为锚，为你在冥想中定位。

3. 尽你所能感受安全感。你处于安全的保护之中，内心强大无比。把你的警惕心放松下来，把注意力从外在转向内在。

4. 为自己找一些同情心。把其他一些积极乐观的情绪也带到意识中，比如感激之情。

5. 试着回想某个特别专注的人，想象如果自己是他/她会是什么感觉。这个人可以是你熟知的一个人，也可以是历史上比较知名的一个人，比如佛陀。感受冥想带来的各种好处把你深深包围，让你沉浸其中，滋养你，帮助你，温柔地把你的意识和大脑都拉向一个更加健康的方向。

6. 好了，在下面五分钟左右的时间里，体验每一次呼吸，从开始到结束，都细细体验。想象你的意识中有一个小小的守护天使，它紧紧守护着你的注意力，一旦你开始走神它就会立刻提醒你。把你的全部注意力都投入观察每次呼吸上，其他的统统抛开。忘记过去，忘记未来，所有的一切只剩下现在的每一次呼吸。

7. 在身上找一个呼吸时感觉特别明显的地方，比如你的胸腔，或者上嘴唇。每次开始吸气时，把注意力集中在这个地方。然后从吸气的开始到结束始终保持对这个地方的专注。注意吸气和呼气之间的衔接处。然后再把注意力集中在呼气上，保持注意力直到呼气结束。

8. 你还可以在呼吸时数呼吸的次数，这就是前面提到的"数呼吸冥想法"。从1数到10，如果数到中间走神了，就从头开始数。也可以轻轻地在呼吸的时候默念："吸气，呼气。"专注状态深入以后，就不用再数数或者默念"吸气，呼气"了。

在冥想的过程中，把所有注意力都放在呼吸上，其他的都抛开。理解每次呼吸的感觉所代表的意义。吸气的时候，你知道自己这是在吸气。呼气的时候，你知道自己这是在呼气。

9. 现在来感受一下欣喜和欢乐的感觉。在心里对自己说：欣喜

（喜悦）吧，快乐（幸福、满足、安宁）吧。要放松，要轻柔，用自己的主观意愿激发欣喜快乐之情。

把自己的身心放开，邀请欣喜和欢乐之情进来。让喜悦升腾起来，让幸福升腾起来。把你的注意力转移到它们身上并保持一段时间。尽你所能地去强化这种欣喜和欢乐的感觉，让这份欣喜之情冲刷过你的整个身体。

感觉自己非常幸福、非常满足、非常安宁。仔细感受欣喜、幸福、满足和安宁。让自己沉浸到这些状态中去。

10. 现在你的意识已经非常安静了。注意力已经被集中在一个特定的目标上了，比如，可能是集中到了你上嘴唇对呼吸的感觉上。此时，你要重点体察每次呼吸之间的不同之处，这能让你对呼吸本身更加专注。你还可以在一些细节体验上下工夫，比如感受你嘴唇上不同地方的不同感受。

11. 感受呼吸的整体感觉，把呼吸所带来的各种感受都统一成一个整体，然后再把整个身体的所有感受都统一成一个整体。感受整个身体随着呼吸轻微地起伏。不要被流入你意识的各种事物牵着走，也不要和它们对抗。如果意识之中有什么打破了平静就随它好了，等它走了再重新放松下来。

基本没有什么语言文字化的想法出现，即使出现了也会很快消失。这是一种巨大的安宁感。

12. 好了，现在你的意识已经进入了专一的状态。把整个身体作为一个整体来感知，把经历作为一个整体来感知。没什么念头，完全没有任何念头。边界的感觉、范围的感觉全都消失了。一种统合一切的感觉在你的意识中不断壮大、扩展、强化。让专一的感觉升腾吧。

13. 不去对抗任何事物。完全任由所有事物随便来去，就像看游行表演一样，各种角色都是一个接一个地过。当你明白你意识中的这些事物都只是些匆匆而过的角色，它们很快就会被新的角色取代时，你还会被其中一个紧紧抓住么？

现在越来越容易沉浸在呼吸的感觉里了。不需要去想任何事，不需要做任何事。让洞见力升腾起来，去体察经验、体察意识、体察整个世界。仅存的渴望也都消退了，你感觉自己平和、自由。

14. 现在如果你愿意，可以慢慢结束冥想了。让冥想带来的这份宁静和安稳包围你，变成你的一部分。让它滋养你和你身边的一切。

"静观"这个词，最近很流行，它到底是什么意思呢？简单讲，静观就是保持对你注意力的良好控制：当你想把你的注意力集中在某件事物上时，它就能听话地集中在那里，而当你想要让注意力转移到别的事物上时，它也会随你心意地发生转移。

　　当你的注意力保持稳定时，你的意识也同样会保持稳定：不会被那些突然闯入你感知空间的各种事物所牵引或者劫持，能稳稳地定住，不会动摇。注意力就像聚光灯一样，它照进你意识里的哪一块，哪一块的神经联结结构就会得到强化。因此，强化你对注意力的控制能力是优化和重塑大脑与意识的最佳方法。

　　和其他精神能力一样，你的注意力也是可以进行训练和加强的。我们接下来会介绍很多具体的方法。现在让我们先来探讨一下大脑是如何集中注意力的。

注意力凝结起来就是一股超强激光束

不论是你以前从没接触过冥想修行，还是冥想已成为你生活中的重要组成部分，你都应该知道，的确有办法可以改变你的大脑，让意识变得更加稳定，让你更容易进入深层次的冥想禅定状态。

通过冥想锻炼所获得的专注能力，可以帮助你把注意力像聚光灯一样集中起来，变成一束激光。专注能力是洞见力的天然同盟军，佛教传统经典里有一个比喻：我们每个人都在无知的森林里迷了路，需要用一把锋利的弯刀清除树丛，开辟出一条解放我们悟性的道路来。洞见力可以让这把弯刀更加锋利，而专注能力则会给这把刀更大的力量。进入深层次的禅定专注状态，是各种传统修行方式都追寻的目标，非常有价值。比如，佛教的八正道就包括了正禅定，也就是心力集中、不可动摇的专注状态。

别长个猴子的屁股，那当然坐不住

从某种程度上说，专注和我们通过生存竞争进化出来的本能是有矛盾的。正是容易分散的注意力帮助我们的祖先存活下来。

想一想当你专注时是一种什么情形吧。当你沉浸在呼吸的感觉中时，你会全身心被它吸引，完全察觉不到其他任何事物。一个动物如果把它的注意力集中在一个特定的事物上，比如被阳光穿过枝叶散发出来的琳琅满目的光彩所吸引，完全沉浸其中，摒弃了所有其他因素的干扰，会是什么样呢？显然，这时候它完全抛弃了对新刺激的感知能力，当危险临近，带来响动或者阴影时，它也无动于衷。那么，它就没办法把它的基因传递下去。猴子屁股坐不住，就是个典型的形容注意力容易分散的说法。但正是这种特质帮助我们的祖先，让他们幸存下来，并把基因传递下去。

或者你也可以想一想，当你进行冥想的时候是什么样。这时候你漫无目的地放任各种思虑流过你的感知空间，你不被其中任何事物所吸引，不为其中任何事物所动；但这违反了我们进化而成的天性。感觉、情绪、欲望以及其他意识客体之所以会出现，恰恰就是为了吸引你的注意力，让你对它们有所反应，放任它们不管是不正常的。

坦诚地面对这些挑战，可以让你更轻松愉快，并帮助你更好地进行冥想。

掌握了专注的5个要素，注意力为你所用

当你掌握了让自己意识稳定的诀窍后，完全可以把它们运用到日常生活中去，你同样会获得很多。

几千年来，人们一直在通过打坐修行的方法来研究如何加强注意力。比如，佛教就用五禅支，也就是五种关键性要素，来帮助意识保持稳定。

- 寻，使用注意力——把注意力集中到某件事物上，比如开始感受你的呼吸。

- 伺，保持注意力——保持对这件事物的专注状态，比如在呼吸的整个过程中从开始到结束始终关注。

- 喜，欣喜之情——激发你对这件事物的强烈兴趣，有的时候是一种突然袭来的欣喜之情。

- 乐，欢乐之情——从心里产生欢快的情绪，包括幸福感、满足感和宁静感。

- 心，意识专一——感知的统一，所有事物都被当做一个整体来体验，没有想法，进入定境，感觉到一种强烈的存在感。

大多数人都可以通过锻炼很自然地增强专注能力。为了简单起见，我们还是用呼吸来集中注意力。当然，你可以根据自己的锻炼方法（比如瑜伽、唱诗等）来进行调整，选择其他的事物（比如专心念咒、专注于爱的善意等）。如果这种练习可以让你的意识稳定，你也可以把这种稳定和专注转移到其他打坐修行方式（比如直觉冥想、祈祷等）上，当然也可以转移到日常生活中去。

3个方面平衡好，注意力最强

> 训练注意力的集中等同于训练大脑本身。抓住注意力的三要点，让你在开会时少开小差，不丢魂。

为了帮助动物——特别是像我们人类这么复杂的动物——生存下去，大脑必须管理好注意力，这需要做好三方面的平衡：把信息导入意识，调整感知内容，找到合理的刺激量。

把信息导入意识——抓取新信息

大脑必须能够抓取关键性的重要信息，并将其置于意识中最显著的位置。这些重要信息可能是10万年前非洲大草原上草丛的可疑晃动（表明有掠食动物靠近），也可能是你刚刚听到的一个重要电话号码。我的论文导师伯纳德·巴阿斯提出过一个知觉世界工厂理论，很有影响力。所谓知觉世界工厂，直白点说，就是一个精神领域的小黑板。其实怎么称呼它都无所谓，它实际上就是一小块空间，可以保存从外界传送进来的新信息和从记忆深处提取出来的过往信息，同时，也可以直接在这个空间里对这些信息进行各种精神操作。

调整感知内容——新信息覆盖旧信息

你的大脑必须定期用新的信息更新这块小黑板，新信息有可能来自外界环境，也有可能来自你自己的意识。比如，当你在拥挤的房间里晃悠时，突然看到一张熟悉的面孔，却一时想不起来这个人是谁。想了半天，你终于想起来了，她叫简·史密斯，一个朋友的朋友。其实，这时候你就更新了大脑中原有的信息，把这个女人的名字和她的相貌绑定在一起。

找到合理的刺激量——保持有效的刺激

每个人的大脑都有一种相同的天生嗜好，那就是渴望感受刺激。这其实是进化的结果。对刺激的渴求能激励我们的祖先去寻找食物、寻找配偶以及寻找其他资源。大脑的这种深层次需求是非常强烈的，如果把人放入感官隔绝室——一个完全黑暗和安静的房间里，人浮在温暖的盐水中，时间一长这个人的大脑就会时不时自己产生一些幻象。只有这样，大脑才能自己用新信息给自己一点刺激，保持正常的运作状态。

人和人不同，你得知道什么最适合你

试着让你的猴子屁股坐定下来，先要明白你注意力的强项和弱项分别是什么，随后过滤更多的无关信息。

人们在选择到底抓牢什么样的信息、更新什么内容以及寻找什么刺激（参见后面的表格）时，倾向性是千差万别的。从性格上讲，人和人就不一样，有的人喜欢新奇和刺激，而有的人喜欢预见性和安静。当然，上面这两种极端的人在生活中会经常遇到问题，特别是在现代生活和工作中，很多需要我们保持注意力的事往往都不那么有趣（比如，在学校学习或者在办公室坐班等）。这时，如果一个人的工作记忆太容易更新，也就是说工作记忆的大门总是开着，这个人就总是会被各种不相关的信息干扰，没法专心做事情了。

不管你的内在倾向性如何，你的注意力同样也会被你的生活经验和文化传统所影响。比如，当代的西方文化就过度压榨，甚至某些时候已经完全击垮了我们的大脑。社会总是试图让我们的大脑在日常生活中去处理完全应付不过来的超量信息，这超过了我们大脑进化出来的功能极限。我们的文化同时还让大脑去适应超量的刺激流——你可以想一想那些五光十色的视频游戏，还有琳琅满目的百货商场——这样，当我们需要静下心来做事的时候，会发现自己只是在面对这刺激洪流中的一小滴，我们就会感到无聊，完全提不起做事的兴趣来。问题的关键是，现代生活让我们每个人的意识都变得有些"猴子屁股坐不住"，总是爱走神，像吃了类固醇兴奋剂一样。

除了这个文化上的大背景外，其他因素，比如驱动力不足、疲劳、低血糖、疾病、焦虑或者抑郁，也会对你的注意力产生影响。

注意力三个方面的不同倾向性

注意力	注意力的不同方面及其结果		
	抓取信息	更新信息	寻找刺激
高	强迫症	粗疏有遗漏	过度活跃
	过度关注	容易走神儿	战战兢兢
		感官刺激过度	
中	良好的注意力	精神具有可塑性	热情
	有主动分散注意力的能力	有同化能力	适应性强
		有包容能力	
低	注意力疲劳	固执	挫折感过强
	工作记忆容量小	健忘	冷漠
		学习速度慢	缺乏生气

你的注意力有哪些缺陷？

我们每个人都有不同的注意力特征，它是由我们的脾气秉性、人生经验、文化影响和其他因素所共同决定的。

从整体上看，你的注意力都有哪些缺陷？你希望在哪些方面有所改善？

缺陷之一就是你对个人特征的忽略，你羞于面对它。结果就是在你完全不清楚自身关注能力如何的情况下，就强迫自己把注意力集中在根本不合适的事物上，这就像把方钉子直愣愣地钉进圆槽里一样的糟糕。

另一个缺陷是从来不试图去改变自己的倾向性。在这两个极端状态之间的广阔地带上，就是一种相对合理的中庸之道，你既会去根据自己的实际情况调整工作内容、家庭地位和心灵锻炼方式，也会发展对自身注意力的控制能力。

寻找提高注意力最合适的方法

无论你是想更专心地与你的搭档谈话，或更深入地冥想，都得允许自己根据自身的客观条件进行一些微调。

我们以打坐修行为例，很多传统的修行方法都是在外界刺激水平相对较低的时代和文化背景下发展积淀的，因此这些传统方法也较适用于那些生活在外界干扰较小的环境中的人。但是当代人早已习惯了现代生活中各类刺激频繁往复的文化环境，这时候再让他们去用那些传统的修行方式进行打坐锻炼，他们往往很不适应。我见过很多例子，人们往往在尝试了传统打坐方式之后在很长时间内都不得要领，原因就在于传统方法已经不适用于他们那个被外界环境频繁刺激的大脑了，最后他们都不得不选择放弃。

如果你真的很难静下心来进行静观，要同情一下自己：这并不是你的错。这种自我同情的情绪，可以增高你的大脑中多巴胺的水平，从而帮助你稳定意识，更好地进入静观状态。

现在，再来看一看注意力的三个方面中，哪一方面对你最具有挑战性：抓取信息、过滤无关信息（防止分心走神），还是管理对刺激的渴望？具体讲就是，你是不是集中注意力一小会儿就感觉疲劳不堪？你过滤信息的筛子是不是洞眼太大，总是被周围的声音和景象拐带走了神？或你是那种需要强烈刺激，或者强烈刺激的组合，才能把注意力吸引过来的人？

在本章剩下的部分里，我们将探讨增强对注意力控制能力的常规方法。

先设定意图，每次只做一件事

让生活简单一点，每次只做一件事，你会获得更集中的注意力和更多的快乐。

用你的大脑为自己设定意图，增强静观能力。

- 每次在开始某些需要集中注意力的行为时，都先有意识地给自己设定一个意图。你可以用语言表达出来，比如"让我的意识平静下来"，或者也可以唤起一种安静的感觉来表达自己的决心。
- 找一个你认识的做事极为专心的人，想象一下他/她的身体是什么感觉。这是在用你的大脑的移情能力在你自己身上模拟这个人的静观状态。
- 要不停地给自己设定这种意图。比如，如果你在开会，你可以每几分钟就重新告诉自己要专心。我的一个朋友用一个小玩意来实现这一点，这个小玩意可以振动，他把这个东西装在兜里，需要用的时候就设定每10分钟振一次。

通过在日常生活中对静观能力的锻炼，可以把集中注意力变成你生活中的一种常态。你还可以通过下面这些方法，在日常生活中训练你的注意力。

- 反应慢一些。
- 少说。
- 如果可以，每次只做一件事，避免同时处理多个任务。
- 进行日常活动的时候，集中注意力在你的呼吸上。
- 和他人相处的时候，放松自己，平静下来。
- 把一些日常生活中感觉变化比较大的事件——比如电话铃响、进入浴室，或者喝水——视作庙宇里的钟声，以它们为信号收束自己的注意力。
- 吃饭的时候给自己一点时间想一想，这些食物都是从哪里来的，是怎么生产出来的。比如，当你吃面包的时候，你可以想象小麦在地里长出来，然后被人收割和脱壳，贮存起来，磨成面粉，烤成面包，运到市场里，最后被放到你的盘子里。你只需要几秒钟就可以把这些都想清楚。你还可以想一想那些把小麦变成面包的人，想一想用到的设备和技术，甚至可以想一想我们古老的祖先是怎么发现野生小麦可以吃，并把它们培育为可种植的农作物的。
- 生活得简单一些，为了更大的快乐放弃一些次要的快乐。

保持清醒，别让身体太疲惫了

> 当你已经很疲倦的时候，依然还强撑着要保持专注，就像是在用马刺拼命扎一匹已经精疲力竭的马，让它跑上山坡一样。

除非大脑完全处于清醒状态，否则是没法保持专注的。不幸的是，现代人大多数都处于睡眠不足状态，实际睡眠时间总是要比身体所需要的时间少那么一点。所以要尽量睡足觉，而睡多长时间才算足，取决于你的生理天性和其他一些因素，比如是不是疲劳、是不是有疾病、是不是有甲状腺问题，或者是不是精神抑郁。换句话说，要先照顾好你自己。当你得到了充分的休息后，下面这些因素可以增加你的机敏。

- 坐直，这可以给你脑干的网状结构发送一个内部信号。网状结构参与维持大脑的清醒状态和知觉状态。正直的坐姿会给它一个信号，表明你现在需要保持清醒和机敏。这也正是为什么学校老师在上课前往往会说一句："坐直，上课！"同样，在很多传统冥想方法里，修行者都需要庄严地保持正直的坐姿，也是由于这种神经生理原因。

- 传统的"让意识大放光明"的说法是用来形容你的感知空间被注入了能量，变得无比清晰的状态。实际上，有时候只要想象光亮就足够驱走睡意了。从神经生物学角度讲，"大放光明"的感觉其实就是大脑在喷涌去甲肾上腺素。这种神经传递介质有时候也会被压力反应机制所诱发而喷涌，它是一种引导你保持机敏感觉的神经信号。

- 氧气对于神经系统来说，就像汽油对于汽车一样重要。虽然大脑的重量只占整个体重的2%，但它的耗氧量却占了身体总耗氧量的20%。只要深呼吸几下，你就可以增加血液中氧气的浓度，从而让你的大脑活跃起来。

安静下来，让身体顺流而去

烦心时，脑子里好像有一千只蚊子在吵闹，试着把身体当做一个整体来感受，然后和这些蚊子订个约定，暂停这些烦人的一言一语。

当你的意识安静下来后，内心深处就没那么多乱七八糟的事冒出来让你分神了，你能更容易地进入和保持静观状态。前面我们讲了如何控制感情的问题，可以通过放松身体、抚慰情绪和欲望达到让意识安静下来的目的。这里的方法则着重于如何平息你各种语言化的想法，结束你脑袋里那些永不停息的唠叨。

冥想后安静下来，就没那么多的事让你分神了。

把你的身体作为一个整体来冥想

从整体式呼吸开始，慢慢来，渐渐你就能掌握其中的诀窍，让大脑安静下来。

大脑有些部分是联系在一起交互抑制的，当其中一个部分被激活，另一个部分就会被抑制。从某种程度上说，大脑的左半球和右半球就是这种关系，因此，当你用大脑右半球擅长的活动来激活它时，掌管语言功能的大脑左半球就会明显安静下来。

大脑的右半球掌管形象和空间思维能力，身体各部位的各种状态都在它的掌管之下。因此，只要主动去感受身体的各个部位，就可以有效抑制大脑左半球的语言思维能力。更进一步，如果你能把自己的身体作为一个整体来感受，就能进一步强化大脑右半球的活跃程度。

因为这种感受行为需要用到大脑右半球的所有资源。

　　要练习如何把整个身体作为一个整体来冥想，你可以从整体式呼吸开始。与以前那种随着呼吸一个接一个地感受自己身体各个部位不同，整体式呼吸需要在整个呼吸过程中，把参与的各个部位当做一个独立的整体来感受，你的肚子、胸膛、喉咙、鼻子一起感受。一开始这样练习的时候，这种感觉经常持续一两秒钟就崩溃掉了，别担心，这很正常。一旦感觉崩溃，重新开始就是了。稳定下来之后，扩展你的感受范围，让这种感觉把你整个身体都包括进来，让整个身体作为一个感知的整体、一个完整的事物来感受。这种对全身整体式的感受方法，在一开始的时候也是非常容易崩溃掉的。同前面说的一样，崩溃掉也没关系，重新开始就可以了，花不了几秒钟。只要多练习，很快你就能掌握窍门，甚至在日常生活中，比如开会的时候，你都可以随时进入这种状态。

　　除了安静下来以外，感受身体的整体感觉还能加强专注。这是一种冥想状态，在这种状态下，所有的体验都是一个整体，注意力会非常稳定。

和自己订个约，别让嘴巴唠叨个不停

　　这并不滑稽，重要的是你要遵守约定，随后给语言中枢一个自由的表达时间。

　　给你的语言中枢下达一个温柔的指示，让它安静下来。这样，你就可以运用前额叶大脑皮层的威力来营造意图，把言语行为都调整成安静行为。当你脑袋里的声音又开始默默低语的时候，你可以说："现在不是聊天的时候，你的唠叨加重了我的负担，你等我开完会/返完税/打完这一杆高尔夫球之后再谈吧。"或者你也可以用其他语言行为来占据大脑的语言中枢，比如在意识深处反复诵念一句名言、一段咒语，或者向神明反复祈祷。

对有些人来说，也可以和自己订个约，办完手上需要集中精神的事之后，再让你的意识唠叨个够。注意，一定要遵守这个约定，这可能有点滑稽，但肯定很有趣。这样有意识地放大意识中的语言信息流，能让你明白它到底有多么的独断专行和毫无意义。

你为什么会焦虑、抑郁

第二类标枪的频繁追杀会对我们的心理健康形成很大的威胁，让我们变得焦虑和抑郁。下面来看看它是怎样引导大脑神经系统在我们的心里蒙上阴影的。

■ **焦虑**

当交感神经/下丘脑-垂体-性腺轴系统被反复激活时，会导致你的杏仁核对威胁更敏感，这反过来又会增强交感神经/下丘脑-垂体-性腺轴系统的活性，从而形成恶性循环。这个生理过程导致的精神健康结果就是状态型焦虑，即在特定条件下才会产生焦虑的焦虑症。

另外，杏仁核会帮助形成内隐记忆，即在潜意识中形成的过去记忆。当杏仁核变得更加敏感时，就会把恐惧因素直接加入这些内隐记忆当中，从而导致特质型焦虑，也就是无视外界条件持续保持焦虑状态的焦虑症。

同时，交感神经/下丘脑-垂体-性腺轴系统被频繁激活，会磨损海马体，而海马体对于构建外显记忆至关重要。所谓外显记忆就是对过去真实发生过的事件的清晰记录。不但如此，海马体是人类大脑中少数几个能够形成新神经元的区域，而糖皮质激素则会阻止海马体内新神经元的产生，从而削弱其产生新记忆的能力。

杏仁核变得敏感，而海马体的能力却被削弱，这是一个可怕的组合：杏仁核马力全开，在海马体没法准确记录外显记忆的情况下，把你的经历都以扭曲的方式记录成痛苦。这种感觉有点像："有什么事发生了，我不清楚是什么，但我真的心烦意乱。"在不那么极端的情况下，被恶性循环加强的杏仁核和被削弱的海马体会让人总感觉有些心烦意乱，但是却说不清楚为什么。

■ 情绪抑郁

长期保持交感神经/下丘脑–垂体–性腺轴系统的激活状态会破坏稳定情绪的生化基础，让你无法保持平常的愉悦状态，这表现在以下几个方面。

- 去甲肾上腺素会让你感到警觉，并且精力充沛，但是糖皮质激素荷尔蒙会中和它。缺乏去甲肾上腺素会让你感到单调，甚至乏味，而且注意力难以集中。这是典型的抑郁症症状。

- 如果时间足够长的话，糖皮质激素会降低多巴胺的分泌。这会导致你对原本玩得很开心的玩意现在却兴趣缺乏，这是另一个典型的抑郁症标志。

- 压力会导致血清素浓度降低，而血清素可能是保持良好情绪状态的最重要神经传递介质。当血清素浓度低的时候，去甲肾上腺素浓度也会降低，再加上前面说的糖皮质激素的作用，总体上，去甲肾上腺素的浓度就很低了。简单而言，血清素的低浓度代表你更容易忧郁，对外在世界更加缺乏兴趣。

第十章

忘我冥想法·向身边传播美好

学冥想第10课

忘我冥想法

你是否固执地坚持自己的意见，完全不听从他人的劝解和建议？

你是否只愿意诉说而不愿意倾听，在别人打断你谈话的时候感到难以忍受？

你是否只做有利于自己的事，任何可能没有回报的事物都直接轻视和忽视？

现在让我们尝试一下忘我冥想法，你可以在散步时进行这个冥想，带着你的身体和心灵一同散步。

做这个练习的时候，要尽量降低内心"我"的感觉。通常过于以"我"为中心会让你感到痛苦。当你试着摆脱自我，与这个世界联系在一起时，你能更平和地看待周围发生的一切，不过于欢悦，也不过于悲伤，并切断自我与痛苦的联系。

试着按下面步骤练习"忘我冥想法"。

1. 放松，感受你的身体在呼吸。建立一个意愿，把自我的感觉尽量抛开，看看现在感觉怎么样。感受你的呼吸。呼吸……除了呼吸之外不去做任何事，自我没有任何事可做。

2. 尽量感受安全感。赶走受到威胁的感觉和厌烦的情绪。没必要进行自我保护。

感受每次呼吸中宁静感觉的出现和消失，不要让自我去紧紧抓住任何欢愉。

3. 让一切顺其自然。让呼吸自由自在，放开自我，放松，放开对呼吸的控制，让身体自己来控制呼吸，就像在睡梦中一样。

4. 让呼吸继续，让感知继续。在广阔的感知空间里，一切充满安宁，充满欢愉，唯独没有自我。你的感知和整个世界都在持续运行着，一切都自然而然地发生着，唯独没有自我。

慢慢地观察一下周围。你看到的景象不需要你的自我去接受。

5. 走一走，动一动，不要控制，不要让你的自我去指挥你的身体。可以动一动手指，变一变坐姿。是你的企图心驱动你的身体做出了这些动作，但是没有"我"在指挥。

6. 轻柔地、自然而然地站起来，不需要自我的指挥。站在这里，你的感知和你同在，但是这里还需要自我么？

在站立状态下轻轻动一动，让你的知觉和动作自然地发生，不需要自我对它们进行指导，也不需要自我对这些体验进行记录。

7. 走一走，感觉一下，快点慢点都行。不需要自我的参与。让你的知觉和动作参与进来，不需要任何人来确认这些经历和体验，持续行走几分钟。

8. 几分钟之后，重新坐下来。边呼吸边休息，保持最基本的存在感，保持感知的清醒。在意识中把自己和其他人都等同对待。对自己的想法，对"我"未来期许的各种想法，全都和对其他人的想法一样，没任何特别之处。

9. 放松，呼吸。放任你的触觉和各种感觉在感知空间里出现、消失。放任你的自我感觉出现、消失。不和它们做任何纠缠。让自我来来去去，自生自灭，不做任何纠缠。

放松，呼吸。现在自我已经完全消失，看看还有什么。

放松，呼吸。不做任何纠缠，让一切顺其自然。

10. 此时，你可以随时结束冥想。

现在，回到现实进行语言文字式的思考可能会有点困难。读一读下面这段文字吧，感觉一下这些文字是什么意思，没必要让自我出面来感觉。体会一下，在没有自我主导一切的情况下，意识的各种功能是如何起作用的。

- 究竟什么才是自我的经历和体验，"我"还是"我的"？自我感觉起来什么样？这是一种令人愉悦的经历和体验，还是不快的经历和体验？当自我膨胀的时候，是不是有一种向内收缩的感觉？

- 有没有可能在没什么自我的感觉的情况下，进行一些精神活动或者生理活动？

- 自我的感觉是一成不变的，还是在不同的情况下展示出不同的面目？自我感觉的强度是不是也会根据情况发生变化——"我"的感觉是不是有的时候强，有的时候弱？

- 是什么导致你的自我发生变化？恐惧、愤怒，还是其他因为感受到威胁而带来的想法？这会对你的自我产生什么影响？欲望，或者其他因为感受到机会而带来的想法，又会产生什么影响？当你遇到其他人，或者想象遇到这些人的时候，又会有什么影响？自我是独立存在的吗？还是说，它依靠外界环境和条件存在，并因而产生变化？

想想你自己的以往经历吧。当你对人不对事的时候，或者当你的渴望被否定的时候，会发生什么？你感受到了痛苦。

现在，我们来看看痛苦最深层次的根源——自我。这也是我们最需要智慧的地方。

当你把某种存在当做"我"，或者试图拥有某件物品，让它变成"我的"，你就是把自己赶上了通向痛苦的大道。世间所有的一切都是脆弱的，都不可避免终将逝去。当你把自己和其他人同整个世界隔绝开来，以成就那个独立的"我"的时候，你就会感到孤独，感到脆弱，从而注定痛苦。

另一方面，当你放开对自我的执著，不再把自己紧紧地缩小到"我"这一点上，而是把自己投入大千世界生命的洪流中去，让自我和自我中心主义的想法都变得暗淡无光时，你就会感到更加平和、更加充实。当你仰望星空、眺望大海，或者当你的孩子降生时，你都会体验到这种感觉。这里有一个固有的悖论：在你心中"我"的分量越小，你就越能感到幸福。如同佛教比丘对将死的囚犯说的："没了'我'，就没了麻烦。"

在生命中某些特定的时刻，我们都会问自己一个相同的问题：我是谁？没人知道真正的答案。自我是一个时刻处于变动中的主体，尤

牵着自己在花园散步，从心底对自己好。

其是当这个主体把自己当做一个客体进行分析判断的时候，它变动得更厉害！所以，我们现在不妨把这个空想型的话题变成脚踏实地的实验——带着身体散散步。前面你已经尝试了这种冥想法，现在我们来研究研究你大脑中自我的本性。我们还会探讨一下放松自我、释放自我的方法，只有这样，我们才能变得更加自信、更加宁静，从而和万物更为融洽。

别迷恋自我，这会让你很自私

> 自我是你这个人的一部分，它总是在不停地根据外界条件的变化展示出不同的面目。有时候，它就是一个似有似无的幻觉。

你刚刚感受到的自我，是建立在大脑中关于自我的生理基础之上的。想法、感觉、图景等，所有这些信息的不同组合方式，其实都是不同神经结构和神经行为的组合。同样，外在自我的不同面目也是意识和大脑的不同模式组合。现在的问题并不是这些模式组合是否存在，关键的问题是：它们的本性是什么？这种本性，也就是这些生理模式所表现出来的、统合在一起的"我"——行为体验的拥有者、行为监控的执行者——是否真的存在？又或者自我就像独角兽，仅仅是个传说，是个幻影，实际上并不存在？

自我有很多面目，但都是幻觉

基于大脑和神经系统的不同结构和过程，自我可以展现出很多面目，并牢牢地嵌入我们的身体与外在世界的互动中。

很多研究者用不同的方法对自我的不同面目及其神经基础进行了分类。比如，思考型自我主要是由前扣带大脑皮层和前额叶大脑皮层背外侧区之间的神经联结构成的。

情绪化自我则是由杏仁核、海马体、纹状体（基底神经节的一部分）和上脑干共同构建。大脑多个部分参与对你进行的面部识别，了解你的人格特点，体验你的个人责任，并参照你的预期考察你的当下境况，把你和其他人区别对待。

传记体自我是由思考型自我和情绪化自我的一部分组成的，它让"我"的感觉有了对过去和未来的认知。

核心自我代表不分时空、无过去未来差别的"我"的感觉。前额叶大脑皮层为传记体自我提供了大部分神经基础，如果它受损，核心自我还是能够保存下来的，但是会失去对过去未来的时间连续感。另一方面，如果代表核心自我的皮层下结构和脑干结构受损，核心自我和传记体自我都将消失，这表明核心自我是传记体自我的神经和心理基础。当你的意识非常安静的时候，你会感觉传记体自我好像消失了，这是因为它的神经基础这时候停止了活动。冥想就是让意识宁静下来，通过专注修行，在大脑部分活动停止的情况下，你依然保持清醒的控制力。

当你考虑自己的时候——"今晚我到底是应该吃中国菜还是意大利菜？我怎么这么拿不定主意呢？"——客体自我就会出现，或者当感知空间里出现和你相关的事物时，也是一样。这些"我"的景象其实都是一些叙述性的内容，还伴随着一系列特写图片串联在一起形成的看似连续的小电影。从神经生物学的角度讲，每天日常生活中那种连续自我的感觉，纯粹就是个幻觉：这种外在的、连续的、立体的"我"，实际上是由很多子系统和发育中的子系统的子系统构成，没有任何固定的核心。身为主体的经历和体验，实际上是由无数互不相连的主观体验，按照顺序排列在一起幻化而成的。

自我仅仅是整个人的一部分

自我并不是你的长官，大部分的功能都在没有"我"的指导下自行运转。

一个人是身体和意识统合在一起的一个整体，一个依存于人类文化和自然环境的自治的、动态的系统。你是一个人，我是一个人，人人都有自己的历史、价值观和对于未来的计划。每个人都必须对他/她过去的行为负责，因他/她做过的好事而得到赞誉，为他/她做过的坏事而受到谴责。只要人的身体还活着，大脑还完整，这个人就始终还是个人。但是刚才我们也都看到了，和自我相关的精神活动并不存在什么特殊的神经生理状态，仅仅是所有普通神经行为的一部分。无论是自我的哪一部分，都仅仅对应于大脑众多神经网络的一小部分。即便是那些外显记忆和内隐记忆中的自我，包括对世界的认知、知觉过程、技巧行为等，也只是占用了大脑存储信息的一部分。自我仅仅是整个人的一部分而已。

不但如此，一个人的大部分功能都可以在没有"我"的指导下自行运转。比如，你的大部分想法都可以自己冒出来，根本不用你刻意去"想"。我们每天都会在没有"我"的指导下，进行相当多的精神和生理行为。实际上，通常自我参与得越少，我们干得越好，因为没了自我的参与，执行能力和情绪功能都可以得到改善。甚至当自我有意识地做出了某种决定的时候，这个决定往往也都是很多无意识的因素共同起作用导致的结果。

自我像走马灯一样不停变化着

巴克明斯特·福勒说:"'我'其实是个动词。"是我们自己在营造"我"。

自我的各个部分都是你方唱罢我登场,走马灯似地来回换,其对应的神经结构也是如此。如果能把流经这些神经结构的能量流都用光亮标示出来,你就会看到一道光亮在脑袋里永不停歇地窜来窜去。在大脑里,自我的每一次闪现都是暂时的。自我总是在不停地被建立,然后打破,然后再重新建立。

自我之所以看起来好像是连贯一致的,是因为大脑构建知觉经验的方式:你可以想象一千张照片排列在一起,每一张都闪现几秒钟,然后暗淡下去,再换上下一张。这其实就是你的知觉经验的构建方式,有点像放电影。和每秒钟22张图片放映出来的,造成电影画面连续的错觉一样,知觉的这种构建方式也会让人们误以为它是连续的。因此,"现在"对我们来说,并不是一个孤立的片段,我们的一个个经历和体验不会突然开始、突然结束,而是缓慢出现,缓慢消失,中间停留1~3秒钟。

所以说,其实我们并没有一个自我,而是我们自己在营造这个所谓的自我。

自我依赖于外界条件

在任何时刻，自我的存在都是要依靠很多因素的，包括遗传基因、个人历史、脾气秉性、外界局势等。

自我特别需要依靠经历和体验的感情色彩。当感情色彩是中性的时候，自我倾向于慢慢回归到背景中去。但是一旦出现了某些让人特别愉悦或者特别不快的感觉时——比如一封有趣的电子邮件，或者生理疼痛——自我就会立即喷涌而出，根据感情色彩表现出渴望和执著。自我会在强烈的欲望周边构建。到底是哪个先出现的：是欲望构建了"我"，还是"我"构建了欲望？

自我同样对社交关系依赖很大。一个人散步的时候，往往没什么特别强烈的自我感觉。但是如果半路上遇到了熟人，几秒钟之内，自我的很多部分就会上线。比如你和这个人都知道的一些事，或者你现在在这个人眼中的形象等。

自我并不是自己出现的。它发展了几百万年，是由迂回曲折的进化过程所塑造而成的。现如今，它通过各种神经行为闪现出来，而神经行为又依存于你身体的其他系统。这些系统又依存于很多其他外界因素，从小杂货店，到决定恒星、行星、水的存在状态的宇宙常数，都是决定性因素。自我并不是内在固有、不计条件的绝对存在，它和造就它、组成它、与它同在的整个世界密不可分。

你应该比现在的你更好

自我其实并不存在，那个真实的"我"比自我要广阔得多、有趣得多。

和自我相关的各种现象广泛地存在于意识深处，同样也广泛存在于大脑深处。这些信息以及神经行为的构成模式当然都是真实存在的。但是这些现象所明示或者暗示的，一个统一的、持久的、独立的"我"，各种经历和体验的拥有者，各种行为举动的执行者，却并不存在。

大脑中和自我相关的各种神经活动都是分布式、混合式的，而不是统一的。这些活动都是变化的、瞬时的，而非持久的。它们都是依存于外界条件的改变，甚至依存于身体与外在世界的互动，而并非独立的。大脑将这些非同质化的自我构建、主观体验的各个瞬间连缀在一起，就得到了一个貌似同质化的、内在连贯统一的幻影。

自我实际上是个虚幻的角色。有的时候把它当做真实的存在会对我们有所帮助，这一点我们下面会讲到。当你需要扮演这个自我的角色时，就去扮演好了。但是要记住，你自身，那个和这个世界动态地纠缠在一起的人，实际上要比任何自我都鲜活、有趣、卓越和有能力得多。

淡化自我，就是在远离烦恼

人一出生就会有自我的感觉，但自我和其他的意识客体并没有区别，也没有特别高贵，你需要淡化对"自我"的重视。

外显的自我有时候还是很不错的。把一个人明确地和其他人区别开来会带来方便。这可以给万花筒式的生活体验带来连续性，让所有发生的一切都明确指向一个"我"。它还可以给社交关系增加更多的神韵和责任，"我爱你"显然要比"这里有了一份爱意"有力得多。

人一出生就会有自我的感觉，儿童会在5岁左右形成实质性的自我心理结构；如果不能在这之前形成自我，他们的社交关系就会受到伤害。与自我相关的神经过程紧密地纠缠在大脑里是有原因的。这些神经过程能够帮助我们的祖先在渔猎部落的社交生活中取得成功，而这对他们的生存具有重大意义：辨别他人的自我和有技巧地表达自我，在结盟、交配和养育子女传递基因方面都非常有用。社会关系的进化促成了自我的进化，反之亦然。自我所带来的种种好处也因此变成了大脑进化的因素之一。就这样经过数十万代的积累，自我所带来的生存优势就会把它嵌入人类的DNA当中。

我们这里的重点不是为自我辩护，或者为它正名，而是说我们没必要贬低它，也没必要抑制它。别把它当回事就成——它就仅仅是个精神模式而已，和其他的意识客体没什么不同，也不比其他意识客体高贵多少。我们下面会介绍很多方法，在使用的时候不要主动去抑制自我，更没必要把自我看做一个麻烦。你只需要看穿它的本质，让它放松即可。

说话时，试着别说"我"、"我的"

当你的大脑制订计划或者做出选择时，很多时候都没有"我"的参与，你更不需要去专门营造一个"我"进行感知。

当我们把自己和其他事物混为一谈的时候，也就是在进行辨别自我的时候，自我就会膨胀。不幸的是，当你这样辨别的时候这个事物的命运也就成了你自己的命运——这个世界上万事万物最终都会走向灭亡。因此，在辨别位置、物体、人的时候一定要注意。这时候不妨对自己进行一场经典的自我责问：我是这只手吗？我是这个信仰吗？我是这种"我"的感觉吗？我是这种感知吗？你可以紧随这些问题给出一个清晰的答案，比如：不，我不是这只手。

要特别注意辨别出那些决策性功能（比如监控、计划、选择）。体察你的大脑在成功制订出计划或者做出选择时，有多少次并没有"我"的参与，比如当你开车去上班的时候，恐怕就不会有什么"我"来参与制订行车路线以及决定加速、减速、转弯还是停车。当你在感知过程中进行辨别的时候也要注意，要让感知自然地发生，不需要去辨别，也不需要去指导。

可以把"我"、"我的"以及其他形式的自我都看做意识客体，和其他的想法一样对待。提醒你自己："我并不是这些想法，我并不是这些关于'我'的想法。"不要去辨别自我，除非必要，不要用和自我相关的词（比如"我"、"我的"）。每天找一段固定的时间，比如工作中找一个小时，完全不使用这些词。

让各种经历和体验在不被辨别的情况下，流过你的感知空间。如果用语言形成这种感知过程，那可以是这样：看看，发生了，于是有了感觉。想法出现了，一种自我的感觉出现了。无论是运动、计划，还是感觉、交谈，都尽量少接触那个自我。

把上述这种静观扩展到你意识中模拟的小电影中，你会发现自我的错觉被牢牢地嵌入这些小电影里了，甚至在自我并非其中明显的角色时也是如此。这种深深的嵌入导致模拟的过程中和自我相关的神经元经常被激活和互相联结，从而加强了自我。你需要做的是培养一种平常心态，单纯用你的身体和意识在小电影里感知事件，而不需要再专门营造一个"我"去进行感知。

可以羡慕，但别嫉妒

自我有点像一个握紧的拳头，当你打开手掌把东西给他人的时候，拳头就没了，自我也就没了。这就是给予和奉献对你的解放。

你这一生可以给予很多，这就让你有了很多的机会去放开自我。比如，你可以给予时间、帮助、捐赠、监督、耐心和宽恕。任何形式的服务，包括养育一个家庭、关爱他人以及很多其他的工作，都和慷慨相关。

羡慕——以及它的表兄弟，嫉妒——是慷慨的主要障碍。所以要体察羡慕背后的痛苦，看清它给你带来的烦恼。羡慕实际上可以激活和生理疼痛相同的神经网络。你要用同情和友善的方法告诉自己，如果别人拥有名声、金钱以及出色的搭档——而你没有，这完全没有关系，一切都会好起来的。要把你自己从羡慕的陷阱中解放出来，把同情和爱的善意献给那些你羡慕的人。

同时，你也可以观察知觉、想法、情绪和其他意识客体，问问自己：这些都需要一个拥有者吗？事实是，没有拥有者。想要支配意识注定是没有结果的，没有任何人拥有它。

心里有窟窿，就用谦卑去堵

吸收美好，并不在意别人对你的看法，去爱你这个人，就像你关爱任何你亲近的人一样。

可能我们最容易犯的毛病就是自尊自大了；谦卑，正是解药。谦卑，意味着自然、谦逊、不装腔作势。但并不意味着任人欺凌、羞辱，也不意味着自卑。它仅仅意味着你不把自己看得比别人高。谦卑本身有一种宁静的意味。你并不会为了取悦他人而工作，别人也不会因你的自命不凡或者评头论足而疏远你。

对自己好一点，这是你的义务

如果你缺乏对自己的理解、赞许和爱，又无法从别人那获得，你的心里就会有越来越多的窟窿。

有点矛盾的是，照顾好你自己能够帮助你发展自己谦卑的态度。这是因为当你感觉受到威胁或者缺乏支持的时候，大脑中和自我相关的神经网络会被激活，这样自然就没有谦卑的态度了。要减少这种激活状态，那就必须照顾好你自己，要确保你自己的基本需求都能够得到满足。比如，我们都需要感受到他人的珍爱。理解、赞许和其他人赋予的爱都能对神经网络产生积极影响，让人变得更有自信。如果连续好几年你都缺乏这些，那你就会感觉心里有个窟窿。

这时，自我就会在这个窟窿旁边忙来忙去，要么通过骄傲自大把这个窟窿盖上，要么就通过不停地攫取某些事物来临时填补这个窟窿产生的空虚。这样做不但会让你和周围人的关系更加紧张，你还会得不到理解、赞誉和爱。更重要的是，这毫无意义，因为并不能因此解决根本问题。

实际上，吸收各种美好的感觉才是填补这个心灵窟窿的最佳策略，你可以一块砖一块砖地慢慢填。我年轻的时候心里的这个窟窿好像摩天大楼打地基挖的坑那么大。当我意识到我应该填补这个窟窿，并且能够填补这个窟窿时，我开始有意识地去寻找自我价值的证据，比如别人对我的爱和尊重以及我的美好品质和各种成就。然后经常性地花几秒钟让自己沉浸在这些经历和体验之中，吸收这些美好的感觉。几个星期以后，这个窟窿开始被填补了，我感觉到了明显的不同；几个月之后，我明显感觉到了自我的价值；现在，这么多年过去了，我心里的这个窟窿被填了几千块砖之后，已经被完全填满了。

无论你心里的窟窿有多大，每天你都应该填几块砖进去。多关注你自己身上的那些美好以及他人给你的关爱和认可，然后把这些美好的东西吸收进去。这个窟窿是不可能被单独一块砖填满的。但只要你不停地往里填，一天一天，一块砖接着一块砖，总有一天你可以把它填平。

对自己友好和其他的锻炼方法很相似。用佛教的比喻来说，自我就像一个皮筏子，能载着你渡过痛苦的河流。当你渡过这条河流，到达了河对岸，就再也不需要这个皮筏子了。这时，你就可以开始着手重新营造自己的内在资源，不用再去有意识地寻找自我价值的种种证据了。

不用太在意其他人对你的看法

通过进化，我们变得特别在意自己的声誉，因为个体声誉能在一定程度上决定其他人倾向于帮助这个个体，还是伤害这个个体，这间接决定了这个个体的生存机会。

希望得到他人的尊重和珍爱，并努力去促成这一点，是心理健康的表现。但是完全陷入他人对你的看法当中，就是另一回事了。寂天菩萨说：

> 人们赞扬我时，我为什么要高兴呢？
> 还是会有其他人嘲笑和批评我的。
> 当我被责备的时候又为什么要沮丧呢？
> 还是会有其他人认为我很不错的。

你不妨回想一下，自己花了多少时间去考虑其他人怎么看待你——不用大脑模拟器功能的那种稍微想一想也算。再看看自己有多少次是为了获取其他人的仰慕和赞誉才去做事情的。其实你更应该做的是抛开别人的看法，只管自己尽最大努力把事情做到最好。想一想美德、仁爱还有智慧：如果你能真诚地从这些美好的品质出发，那么就可以把一切都做好，一定会有一番成就的。

你不需要与众不同

如果你相信只有你变得与众不同才能赢得爱和支持，那就人为地给你自己设定了一个高标准。

当你想要与众不同，这会让你一天又一天地、毫无意义地付出更多的努力，毫无意义地去拼命。而且当你无法获得你渴望的认可时，会变得对自己异常苛刻，觉得自己什么都做不了，什么都不是。所以不要这样对待自己，如果你希望自己变得更好，可以这样激励自己："愿我即便不那么与众不同，也会获得爱；愿我即便不那么与众不同，也能做出贡献。"

可以考虑和与众不同的感觉彻底断绝关系——这包括希望自己成为重要人物或者被别人仰慕。这是执著的反义词，也是通向幸福的根本大道。你可以默念这些文字，看看会有什么感觉："我放弃成为重要人物。我彻底不再寻求他人的赞同。"看看能不能在这种放弃中找到一丝安宁的感觉。

爱你这个人，就像你关爱任何你亲近的人一样。但是不要去爱那个自我，或者其他形式的意识客体。

融入世界，你的天空就会很晴朗

当你和世界分离时，自我就会膨胀；当你加强和整个世界联系在一起的感觉时，就能减少自我的感觉。

活着，就要代谢，你的身体和世界联系在一起，不停地交换着能量和物质。与此相似，你的大脑和身体的其他部分也没法分开，因为大脑要仰仗其他部分的供给和保护。因此，可以说你的大脑和整个世界是联系在一起的。如同我们前面很多次讲到的，意识和大脑其实是一个整体。因此，你的意识和整个世界其实是紧密联系在一起的。

你可以通过下面的方法强化这种认识。

- 思考食物、水和阳光的流动是如何供给你的身体的。看清你自己，看清你和其他动物一样的本质，都是依靠自然环境才能生存下去，多花些时间接触大自然。

- 多体验所处环境的空间感，比如客厅里空气所占据的空间，或者开车上班所经过的空间等。这么做可以让你习惯于把事物当做一个整体来感知。

- 让思维更广阔、更高远一些。比如，当你买汽油的时候，就可以考虑整个和汽油相关的因果体系，从而让开车的那个自我从紧张和忙碌中解放出来，变得不那么明显。这个因果体系可以包括卖汽油的这个加油站、全球经济，甚至可以包括最后演化为石油的原始生物和各种藻类，思考它们如何被埋入地下，又转化为石油。然后再考虑这些因果是如何依附于更广阔空间的更大因果的，包括我们这个太阳系、我们这个银河系、其他的星系以及整个物质世界的各种物理规则和过程。尝试感受你和这个广阔宇宙的依存关系。银河系之所以在这里，是因为有众多的天体组成庞大的星系；太阳系之所以在这里是因为有银河系；你之所以在这里是因为有太阳；所以，从某种意义上说，你之所以能够在这里，是因为数百万光年之外的无数星系在那里存在着。

- 如果可以的话，我们可以直接跳到最后一步：天人合一，把自我和整个世界视为一体。比如，你现在所能看到的这个世界，包括你的身体、你的意识，所有这一切其实都是一体的。在任何时刻，你都可以感受到这种天人合一的感觉。整个世界的每个部分都在不停变化着，永不停歇。它们分解、腐烂、分散，每一个都如此。因此，没有任何一部分能够成为幸福可靠、持久的源头，哪怕是自我也不行。但是作为一个整体，整个世界从来没有执著，也从来不曾经历痛苦。无知让这种统一的存在收缩成了一个自我，你因此而痛苦，因此而执著。智慧则可以改变这个过程，把自我清除，让你重新恢复到天人合一的状态之中。

作为一个个体——比如自我——你会感到特别无依无靠，而当你和万事万物被视为一体的时候，你会感觉特别安全、特别舒适，这一点非常矛盾。当这种无依无靠的感觉逐渐增长的时候，所有个体所能仰仗的事物看上去都像是浮云，一旦你想要站在上面，就注定会掉下去。这实在很让人沮丧。但是你很快就会发现这片天空——也就是那被视为一体的万事万物——是可以把你托起来的。你可以在天空中行走，是因为你就是天空本身。事情总是这样的，你和每个人一样，都一直是那片天空本身。

爱你身边的人，一边祝福万物，一边幸福生活

> 把不杀害其他生灵当做一种修行，你会发现你和这个世界的一切都是一个整体，你将会获得更多的爱、幸福和智慧。

有一回，我的一个朋友去缅甸一所修道院修行。他在那里受了戒，其中一条戒律就是绝不有意杀生。几个星期过去后他的禅修境界并不怎么样。而且这时候他对于房舍旁的一个厕所非常迷惑。这是个简易的茅坑，每次用完之后都需要清洁一下。本来他是应该用水把坑边冲一遍的，但是那里常常有很多蚂蚁，一旦用水冲就会伤害蚂蚁。所以他就问那里的住持用水冲行不行。"不行，"住持直截了当地告诉他，"你这样就破戒了。"我这个朋友非常重视住持的说法，从此以后他的禅修突飞猛进、一日千里。

我们经常会把自己的便利置于其他生灵的生命之上，你可以自己想一想这对你来说是不是一件经常的事。这当然并非有意为之的暴行，但这的确是一种自我中心的外在表现。看看你眼中的那些生物，比如蚊子、老鼠，它们都和你一样有求生的本能。如果别人为了自己杀你，你会有什么感觉？

学会冥想，你的世界想是怎样，就是怎样。

　　如果可以的话，你要避免为了自己的便利而杀害其他生灵，你可以把这当做一种修行。这能让你感受到和其他生命的同源关系以及你作为一个生物和其他生命之间的和谐。你可以把整个世界看做你自身的延展：要让自己不受伤害，就必须让整个世界不受你的伤害。

　　与此类似，对整个世界友善也就是对你自己友善。当你放松自我，甚至把自我完全抛弃的时候，你会开始迷惑自己应如何生活。有一次在冥想时，我体验到了一种强烈的、万事万物皆为一体的感觉，我因此而开始绝望，不知道该如何处理我自己。我的生命可能完全没有意义。我一夜没睡，早餐的时候坐在客厅外面，正好看到小溪边一只母兔和它的幼崽正在树下吃草。我感觉到，每一种生灵都有它自己的天性和在世界这个整体中的位置。母兔舔着它的幼崽，用鼻子拱着，用牙轻轻咬着。它明白属于它自己的位置，扮演着它自己应该扮演的角色。虽然最终它会死去，躯体会被分解，但它一直在用自己的方式绽放生命。昆虫和鸟儿们在落叶间飒飒地飞来飞去，它们的举动也都是在通过它们自己的方式，为这个万物一体的整体做着贡献。

这些动物都有它们自己的位置，和它们一样，我也有自己的位置。我们中的任何人都是无关紧要的。但是我们每个人都有必要在自己的位置上以我们自己的方式绽放生命。我们应该放松自我，同万事万物结成一个整体，以个体的方式来表达这个整体。

过了一段时间之后，一只灰松鼠和我隔着几米对视。我很自然地祝愿这只松鼠能够幸福安康，希望它能够找到橡果，能够躲开猫头鹰。（树林是个复杂的生态系统，我同样也应该祝猫头鹰幸福安康，愿它能够抓到松鼠果腹。）我们很奇怪地互相对视了相当长的时间，我真的打心眼里祝福这只松鼠。然后，突然灵光一闪，一个道理清清楚楚地闪现出来：我其实也是一个有机体，和这只松鼠一样，我也应该像祝福其他生灵一样祝福我自己。

没错，你也应该祝福你自己，就像祝福任何其他生灵一样。按照你的天性、按照你大脑的指示行事完全没错，尽你所能在这条幸福、爱和智慧的大道上走下去，有多远就走多远，直到身体彻底融入这个世界。

当自我慢慢瓦解，还会留下什么呢？是努力做出贡献的健康心灵；是作为60亿人类中的一员绽放自己的生命；是健康强壮地继续生活许多年，充满关爱、充满友善；是觉醒，充满光明的、空灵的、爱的良知；是充满安全、充满支持的感受；是幸福和舒适，是平静和充实；是在安宁中生活，在安宁中爱每一个人。

大脑常识课NO.10

大脑主要神经系统的运作机制

有两个主要神经系统会驱使你去追逐胡萝卜，第一个系统依靠神经传递介质多巴胺来起作用。倘若之前你遇到某种事物之后得到了奖励，那么再次遇到这类事物后，释放多巴胺的神经元就会变得更加兴奋。比如，当你收到一封几个月没见的好朋友的来信时就是这样。当你遇到那些会在未来带给你奖励的事物时，比如，你的朋友邀请你一起共进午餐，这些神经元也会兴奋起来。在你的意识里，这些神经活动会激发一种欲望：你要给他/她回电话。当你们真真切切地坐在一起共进午餐的时候，你大脑里被称为扣带皮层的部分（大概有你的手指头那么大，位于大脑两半球内部的边缘系统内）就会记录，看看你是否真的得到了预期的奖励，比如和朋友在一起的欢乐感觉、丰盛的大餐等。如果有奖励，多巴胺的浓度就会保持稳定。但是如果你这一次失望了——你的朋友可能有点不在状态——扣带皮层就会发出信号，降低多巴胺的浓度。多巴胺浓度的降低就记录了一个带有不愉快感情色彩的主观经历和体验——不平、不满，于是就产生了前文描述的四圣谛里"集"的情感，也就是对某种事物的拼命攫取，以恢复大脑的多巴胺水平。

第二个系统是靠其他几种神经调节物质起作用的，是快乐感情基调的生化物质来源，无论是立刻兑现的胡萝卜，还是以后会兑现的胡萝卜，都能由此而驱动你去追逐它们。当这些愉快型化学物质——天然阿片肽物质（包括内啡肽）、催产素和肾上腺素——接触了神经末梢的时候，会强化已经启动的神经回路，让它们未来更加倾向于一同启动。想象一个蹒跚学步的婴儿自己吃一勺布丁的情形，经过无数次失败的尝试，他的感知-驱动神经元终于构建了一个合理的联结模式，准确地把布丁送进了嘴里，代表愉悦的化学物质一波波地涌来，将完成这次准确动作的神经末梢联结结构彻底强化。

　　基本上这种愉悦系统就是通过强化启动它的神经末梢联结模式，去驱使你再次追逐这种联结模式带来的奖励，从而最终强化这种能让你成功摘得奖励桂冠的行为模式。这套系统是和多巴胺系统携手工作的。比如，干渴感觉的消退之所以会让你感觉不错，是因为它消除了低多巴胺水平的不满状态，也就是口渴的状态，同时又带来了炎热天清凉饮料下肚导致的高愉悦物质水平状态。

◆ 附录 ◆
冥想静心的美食菜单

冥想中的头脑也是需要美食的。

前面的章节是在介绍如何通过冥想直接干涉大脑。这个附录则是要总结一下如何运用营养学对大脑进行生理干涉，从而加强其功能。当然，我们这里给出的各种建议并不能替代专业护理，其目的也并非治疗疾病。

作为一个针灸师，我积累了数年的临床营养学经验。这些经验有些来自我的病人，也有些是来自我本人。在我这里，病人总能通过他们摄取的食物一点一点地改善他们的精神状态，变得更富有思想，变化非常明显。有的时候，当你长期缺乏某种营养，一旦进行了补充，人就会立刻发生巨大的变化，充满幸福感。

补充大脑的营养学要求

要想通过日常饮食帮助你的大脑，必须减少糖的摄入量，并且避免吃过敏性的食物。

饮食要丰富

要努力摄入各种不同的营养元素，这意味着你必须丰富自己的饮食，要吃各种各样的含蛋白质的食物和蔬菜。各种肉类都要吃，每天摄入的蛋白质体积至少要和你自己的手掌一样大。每天至少吃三种蔬菜，多的话更好。最理想的是，你的餐盘有一半的位置都是留给五颜六色的蔬菜。水果也会提供重要的营养元素，各类浆果对你的大脑尤其有好处。

保持糖的低摄入

吃甜食要有节制。吃糖过多会使血糖浓度升高，这会磨损你大脑的海马体。葡萄糖耐受不良，是糖摄入量过多的一个典型症状，它和老年人的认知功能障碍密切相关。避免糖摄入过多的最好方法就是不要吃精制白糖做的食物，尤其是带甜味的饮品。

别吃过敏性食物

过敏性食物刺激的不仅仅是你的消化系统，事实上它会给你身体的各个部位都带来过敏和发炎反应。长期的发炎症状也是你大脑的大敌。比如，谷蛋白过敏就和一系列神经障碍症状有关。即便人本身没有过敏症，有时候过敏性食物也会带来问题，比如增加奶制品的摄入量，就会导致帕金森综合征发病率的升高。

最典型的过敏性食物是牛奶制品、谷物（小麦、燕麦、黑麦、大麦、斯佩耳特小麦和卡姆麦）制品以及豆制品。每个人的过敏源都不一样，可以通过医学实验室的血样化验来确定你自己的过敏源。当然，如果不想这么大费周章，也可以自己通过试吃来确定对什么食物过敏，通常一两个星期就能完成。之后再吃东西，就能消化得更好，进而从食物中获得更多的能量。

大脑所需的基本营养

维生素和矿物质是人体成千上万种代谢不可或缺的元素。它们在各个方面维护你的健康状态。所以，摄入足够的维生素和矿物质以满足各项生理需求是非常重要的。但是，光靠一日三餐是肯定没法摄取足够多的维生素和矿物质的。因此，你必须额外补充。

使用营养品补充多种维生素和矿物质

补充多种维生素和矿物质非常重要，是你身心健康的保证。这同时可以为你补充多种关键的营养元素。其中，B族维生素最为重要，它对你大脑的健康至关重要。维生素B_{12}、B_6以及叶酸对人体内一个被称为甲基化的生化过程有促进作用，而甲基化过程在神经传递介质的产生过程中扮演着关键性的角色。当你缺乏维生素B时，你的半胱氨酸（一种氨基酸）水平可能会增高。对于老年人而言，维生素B水平过低而半胱氨酸水平过高，将极大增加认知功能衰退和痴呆的风险。而叶酸水平过低则会增加患抑郁症的风险，补充叶酸可以缓解抑郁症症状。

补充欧米伽-3脂肪酸

鱼油富含欧米伽-3脂肪酸，其学名为二十二碳六烯酸（DHA）和二十碳五烯酸（EPA），这种物质对你的大脑有很多好处，它可以促进神经生长，提升情绪，并缓解痴呆症状。DHA是大脑中枢神经系统的核心构成物质，对大脑的发育非常关键。EPA分子则有重要的消炎功能。

每天要摄入足够多的鱼油，至少保证DHA和EPA每种500毫克的摄入量。要选一个高质量的品牌，分子达到蒸馏纯度的。

大多数人都喜欢直接吃鱼油胶囊来补充，倘若你是个素食主义者，则可以用每天一大勺亚麻子油来代替。食用的时候要生吃，可以作为拌色拉的色拉酱，但不要去烹调，加热会破坏其中的营养成分。亚麻籽油虽然不含DHA和EPA，但是它的成分可以在人体内转化为DHA和EPA。不过有时候单靠这种转化并不能满足人体所需，所以最好在吃亚麻子油的时候，每天再补充500毫克的藻类保健品。

摄入维生素E（生育酚）

维生素E是你大脑细胞膜中的主要抗氧化物质。如果要通过饮食补充维生素E，一般是食用含有伽马生育酚的食物，这占人体总维生素E摄入量的70%。

不过，通过食物摄取伽马生育酚的时候，另一种形式的维生素E也会跟着吃进来，这就是阿尔法生育酚。在食物中，伽马生育酚和阿尔法生育酚总是混杂在一起的。阿尔法生育酚对人体的功效没有伽马生育酚那么显著，通过食物摄入时阿尔法生育酚还会稀释伽马生育酚。也可能正因如此，在研究天然维生素E对人体的作用时，总是会得到含混不清的结果。不过，已经有研究表明，老年人提高维生素E的摄入量——主要是以伽马生育酚的形式摄入——会降低患阿尔茨海默氏症（老年痴呆症）的风险，还会减缓认知功能的衰退。

所以尽管现在这方面的研究还有待深入，但多补充维生素E总归是有好处的，购买的时候要认清伽马生育酚和阿尔法生育酚的区别和含量，要保证伽马生育酚的含量较大。每天要保证摄入400IU（国际标准单位）的维生素E，其中伽马生育酚的含量要过半。

麦芽、大豆、植物油、坚果、芽甘蓝、菠菜、全麦等含有较多的维生素E。

补充大脑的营养元素

你可以通过加强特定的营养来影响大脑中神经传递介质的水平。不过这么做的时候要小心谨慎。尽量从小剂量开始，每个人的反应都不同，要根据个人的反应情况来进行调整。一段时间内补充一种特定的营养，确信感觉不错之后，再增加一种新的营养。一旦有不良反应，立刻停止。如果你正在服用抗抑郁药物，或者其他精神类药物，那么就不要用这种方法补充营养，除非在医生的指导下。

血清素

血清素对你的情绪、消化和睡眠都有影响。人体所需的血清素，都是通过色氨酸合成的，分为两步：色氨酸先转化为5-羟基色氨酸，再转化为血清素。在这两步转化过程中，还有很多其他营养元素参与，比较典型的是铁和维生素B_6。因此，要想有充足的血清素，你需要补充铁和维生素B_6。

铁

如果你感到疲劳或者抑郁，你可以问问你的医师，看看有没有可能是缺铁的缘故。另外，很多月经期的女性都普遍缺铁。你可以做个血样化验，看看是不是贫血；如果的确是，那你就需要补充铁了。具体需要用什么样的药物，需要视测试结果而定。

动物内脏富含铁，素食者可以选择食用豆类、海带和紫菜等。

维生素B6

维生素B6参与数十种，甚至是数百种人体重要的代谢过程，其中包括多种神经传递介质（比如血清素）的合成。你可以每天早晨空腹摄入50毫克维生素B6。

你可以通过食用瘦肉、果仁、糙米、绿叶蔬菜、香蕉等补充维生素B6。

5-羟基色氨酸和色氨酸

每天早晨可以服用50～200毫克5-羟基色氨酸，也可以睡前服用500～1500毫克色氨酸。如果你的主要目的是为了有个好心情，那么早晨服用5-羟基色氨酸比较合适。这样你不容易犯困，而且更容易得到血清素。如果你有失眠症，那最好还是先从睡前服用色氨酸开始，这对你的睡眠有好处。

小米、香菇、葵花子、黑芝麻、南瓜子、鸡蛋、牛奶、酸奶、奶酪等都含有丰富的色氨酸，是食补的好选择。

去甲肾上腺素和多巴胺

去甲肾上腺素和多巴胺都是兴奋型神经传递介质，对你的体能、情绪、注意力都提供支持。人体可以用L-苯丙氨酸来合成这些神经传递介质。L-苯丙氨酸会先转化为L-酪氨酸，然后合成多巴胺；多巴胺再进一步合成，就会形成去甲肾上腺素。

在上述合成过程中，血清素、铁和维生素B6都有参与。因此，加强这些营养元素的摄取即可补充去甲肾上腺素和多巴胺。通常来说，在补充去甲肾上腺素和多巴胺之前先增加血清素，感觉比反过来要好，所以最好先补充血清素及其相关营养元素，过两个星期左右再考虑补充苯丙氨酸和酪氨酸。

对有些人来说，苯丙氨酸和酪氨酸的刺激性比较大。如果在补充这些营养元素的过程中，你感觉紧张或者过敏，那就停止好了。为安全起见，开始的时候可以剂量小一些，每天早晨空腹服用不超过500毫克的量。如果感觉不错，可以增加到每天1500毫克。在这两种氨基酸中，酪氨酸可以直接用来合成去甲肾上腺素和多巴胺，所以用得更普遍一些。不过有些人更喜欢L-苯丙氨酸，用哪种其实都不错。

山药、鳝鱼、银杏、海参、海水鱼、花生、核桃、芝麻等含有较多的赖氨酸。

乙酰胆碱

乙酰胆碱支持你的记忆能力和注意力。要合成这种神经传递介质，你需要吃大量富含胆碱的食物，包括蛋黄（这可能是最富含胆碱的食物）、牛肉、肝或者奶脂。当然，你也可以考虑补充以下这些相关营养元素。如果你决定通过营养品来补充乙酰胆碱，一定要一次试用一种。每个人适用的营养品或者营养品组合都不一样，要找出最适合自己的。

磷脂酰丝氨酸

磷脂酰丝氨酸（PS）是大脑中主要的酸性磷脂，也是脑细胞膜的关键成分。磷脂在脑细胞间的沟通方面扮演着关键角色。磷脂酰丝氨酸支持乙酰胆碱的合成，而且有可能支持记忆功能本身。每天补充100～300毫克的磷脂酰丝氨酸即可。

乙酰左旋肉碱

乙酰左旋肉碱可以通过对乙酰胆碱合成路线的影响，对记忆障碍和老年痴呆症有辅助治疗作用。你可以尝试每天早晨空腹服用500～1 000毫克。如果你对营养品有过敏反应，可以最后再尝试它。

食物中以肉类和乳类食物中乙酰左旋肉碱含量较高，羊肉中含量最高，在植物性食物中含量极微。

石杉碱甲

石杉碱甲是从中国石松中提取出来的，可以减缓乙酰胆碱的分解，因此对提高记忆能力和注意力有一定效果。可以尝试每天服用50～200毫克。

补充营养，同时按本书中的方法做，效果更好

你的大脑是由万亿计的分子构成的，这些分子绝大多数都来自你每天吃的东西。通过改变饮食习惯和服用营养品进行补充，你可以逐渐在基础分子层次上改变大脑的各个组成部分。在这种基础生理层次

上改善大脑，可以让你体验到更大的生理和精神上的幸福感，运用本书所述的训练方法也会更加顺畅，效果更加显著。

激发个人成长

　　多年以来，千千万万有经验的读者，都会定期查看熊猫君家的最新书目，挑选满足自己成长需求的新书。

　　读客图书以"激发个人成长"为使命，在以下三个方面为您精选优质图书：

1．精神成长
熊猫君家精彩绝伦的小说文库和人文类图书，帮助你成为永远充满梦想、勇气和爱的人！

2．知识结构成长
熊猫君家的历史类、社科类图书，帮助你了解从宇宙诞生、文明演变直至今日世界之形成的方方面面。

3．工作技能成长
熊猫君家的经管类、家教类图书，指引你更好地工作、更有效率地生活，减少人生中的烦恼。

　　每一本读客图书都轻松好读，精彩绝伦，充满无穷阅读乐趣！

认准读客熊猫

读客所有图书，在书脊、腰封、封底和前后勒口都有"**读客熊猫**"标志。

两步帮你快速找到读客图书

1. 找读客熊猫

2. 找黑白格子